中国国家地理 CHINESE NATIONAL GEOGRAPHY 博物

中国人的家

丛书主编 许秋汉　　本册主编 郭亦城

北京联合出版公司
Beijing United Publishing Co.,Ltd.

目录

1 因地制宜，顺应自然

2 聚族而居，共御外敌

民族聚落，异彩纷呈

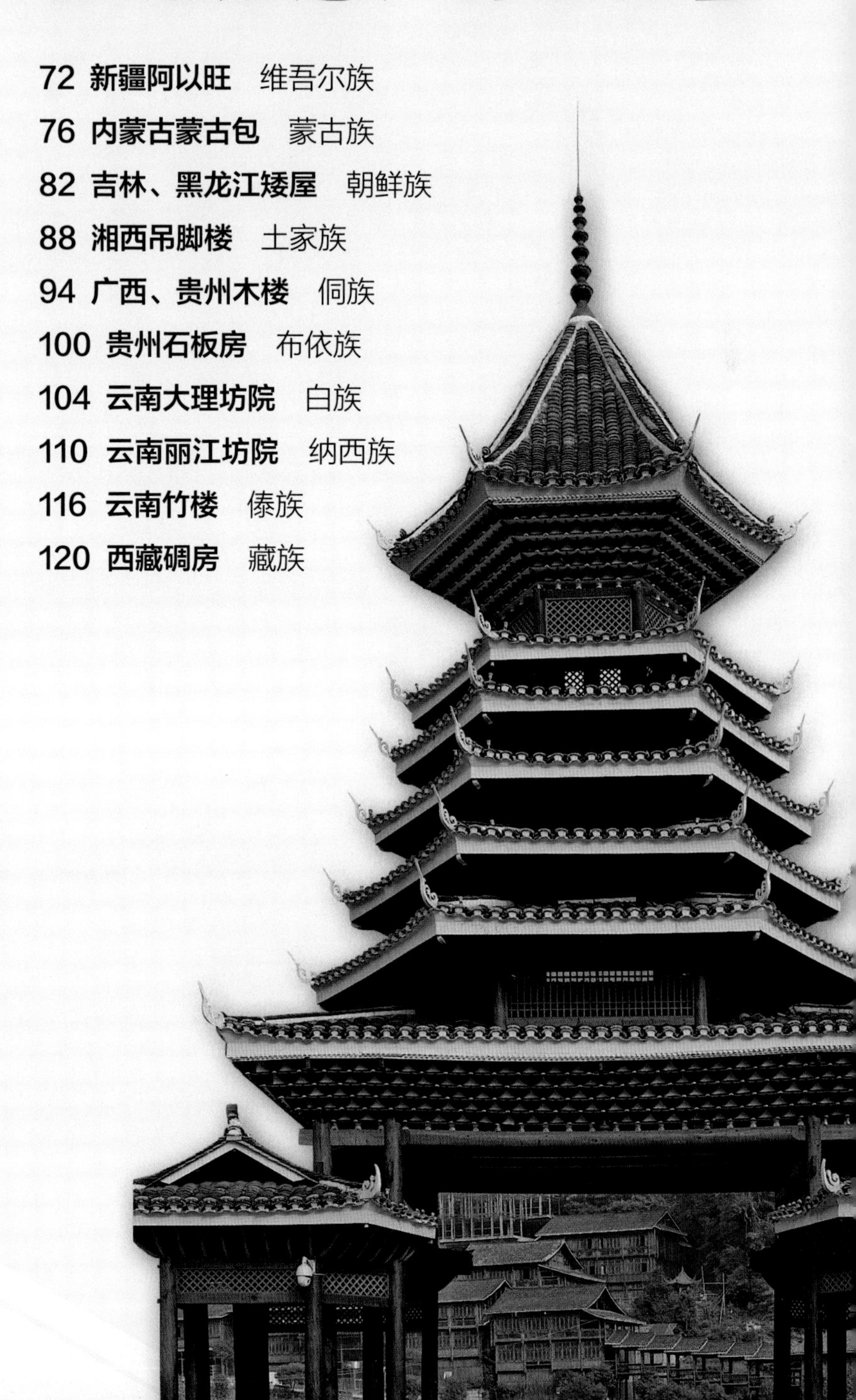

1 因地制宜 顺应自然

上下五千年，中华民族的祖先创造了辉煌灿烂的文明，而造型多样的民居，是他们留给后人的一笔巨大财富。古代中国人将利用、顺应自然的理念应用到了房屋的建造中，北京四合院、江南天井院、黄土高原窑洞……这些因地制宜的民居，不仅各具特色，也充分显示了中国劳动人民的非凡智慧。

北京四合院

四合院是历史悠久、应用广泛的一种合院式民居。所谓合院式民居，简单地说就是以院落作为基本的布局单位。这种民居在我国各类民居中，数量最多，分布也最广。北京四合院在我国传统合院式民居中最具代表性，早在元代就已经被北京城区的居民采用。

皇都的标准化住宅

简单地说，四合院是一种由房屋四面围合而成的院落，院子的形状方方正正，中线对称。有的四面还用游廊将房屋之间串联围合。院落的外墙很少开窗，因此具有很好的私密性；内部宽敞而富亲和力，且家庭生活设施完备。

虽然外观规矩，但四合院的形式极为灵活，往大了扩展就是皇宫、王府，往小了缩就是平民百姓的住宅，辉煌的紫禁城与郊外的普通居民家都是四合院。

北京四合院通常都是左右对称的

正因如此，貌似简洁的四合院中隐藏着很多信息。从院落进深（进，指房屋的层次，古代平房的一宅之内分前后几排的，一排称为一进）、房屋数目、大门围墙的建筑形式，到每个角落的装饰细节，都有一整套细致入微的规矩。它体现着院落主人的身份地位，也承载着中国传统社会的整套纲常伦理观念。

中国各地四合院很多，北京是元明清三代王朝的首都，因而这里的四合院样式最为丰富，对院落修建与装饰中的政治内涵也最为关注，形成了北京四合院的独有特色。

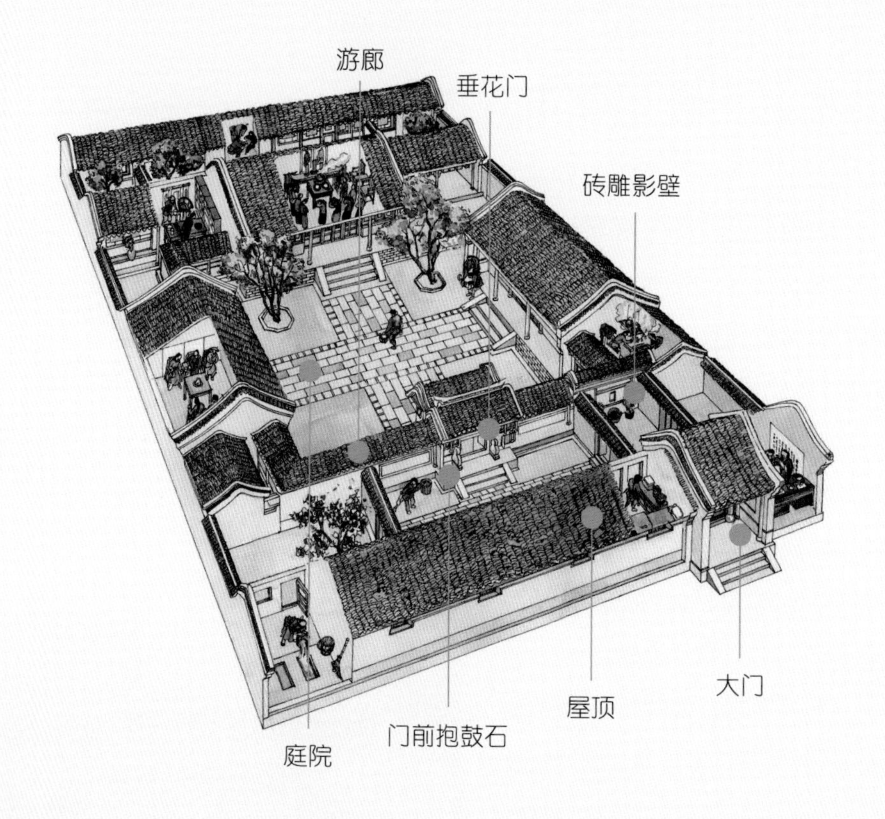

游廊

主要用来沟通院内各个房间，方便通行，供人小憩。廊上常有精美装饰：以蝙蝠、寿字组成的“福寿双全”，以插月季的花瓶寓意“四季平安”，这些豪华的装饰以皇家庭院中的尤为经典。

门前抱鼓石

抱鼓石根据形状不同大致可以分为两种，一种是方形鼓子，一种是圆形鼓子。它们都与门枕石连在一起（门枕石是位于四合院的大门底部，起到支撑门框、充当门轴作用的石质构件），中间以宅门的门槛为界，抱鼓石在外，门枕石在内。将抱鼓石放在宅门前，既有对来宾的欢迎之意，又可显示大户人家的气势，体现隆重庄严的感觉。在等级森严的古代社会，只有官宦人家的宅门，才能安放抱鼓石；而刻有龙和麒麟图案的抱鼓石，则多为王公官宦所有。

垂花门

院落的中门，也是北京四合院中装修最华丽的门。它把整个院落分为里外两部分：里面为正院，外面则是一个长条形院落（倒座院）。垂花门的名称，源于门外两侧不落地的装饰檐柱。

砖雕影壁

影壁是设在建筑或院落大门的里面或外面的一堵墙，面对大门，起到屏障的作用。在造型上，与普通墙壁没有太大的区别，从上到下可以分为壁顶、壁身和壁座三部分。

庭院

四合院顾名思义，四面用建筑围合，留出中心院落。院落是人们的公共活动空间，也是人们植树栽花的主要绿化空间，院内的地面铺砌砖石，显得规整、干净。

大门

北京四合院的大门多设在东南方向。北京的胡同一般是东西走向的，胡同北边的四合院门一般开在院子的东南角，南边的四合院门一般开在院子的西北角，这与风水中的八卦方位紧密相关。不同形式的大门，也是主人身份和住宅等级的象征。

屋顶

北京四合院屋顶用灰色筒瓦，屋顶形式叫作卷棚悬山，屋檐下的博风板为艳丽的红色，额枋上有彩画装饰，色调淡雅。为了取得和谐统一的建筑景观，门两侧的砖墙也加了卷棚顶，显得十分协调。

现在的北京仍保留着“老旧”的四合院，毕竟这已成为北京的特色之一

黄土高原窑洞

在我国陕西、河南、甘肃、山西等地的黄土高原区，人们因地制宜，利用黄土良好的直立性，开挖窑洞作为居住的房屋，大大节省了空间和木料。根据局部地形的差异，窑洞又可以分为几种不同的类型，充分展示了中国劳动人民适应自然环境的非凡智慧。

靠山住山
陕西、河南的靠山窑

“山丹丹红来呦山丹丹艳，小米饭那个香来呦土窑洞那个暖……”流传在黄土高原上的民歌，也不忘夸夸自家的窑洞。大约四千年前，我们的祖先就发现黄土高原上气候干燥，土质又黏又硬，不易塌陷，于是就在黄土坡边缘，向内开挖出洞穴，用于居住。这是人类最古老的穴居建筑之一，现代人称为靠崖式窑洞或靠山窑。

在天然土壁上凿土挖洞，就地取材，不仅施工简单、造价低廉，而且住起来冬暖夏凉，相当舒服。所以即使到现在，陕西和河南的黄土高原地区，不少人还是放弃楼房，选择住在这种窑洞里。当然，窑洞里的装备今非昔比，配置了冰箱、彩电，甚至电脑。

靠山窑有这么多的优点，却不是随随便便就能建起来的，在选址上特别有讲究：首先要选择横向纹理的土层，才能有较强的支撑性；其次要避开裂缝和蚁穴等地段，选择较干爽的黄土层，因为渗水是造成窑洞塌陷的主要原因；另外为了防止被淹，窑口一定要高于洪水最高上涨线。

选好了地方，马上就可以开工，先自上而下切出带有一定坡度或台阶的土壁，作为“窑脸”。这样就在坡面上形成一个凹进去的平台，这个平台在施工时方便作业，等窑洞建成后就成为窑洞前的院子。窑脸就是入口，从窑脸顺着水平方向深挖，开出窑洞。为防止雨水侵蚀，窑脸还要用石板或者砖块砌成出檐（在带有屋檐的建筑中，屋檐伸出梁架之外的部分称为出檐），并覆盖上瓦片，而窑洞内则以泥土抹平。这样，一个三四十平方米的窑洞便见雏形。在大的黄土坡的阳面，从上到下，常常开挖很多窑洞，有的还以此形成村落，场面蔚为壮观。

现在仍有很多人选择住在窑洞里

气窗

窑洞内的温度一般都会和室外产生温差，因此室内冬暖夏凉。气窗在关闭门窗的情况下，能够使室内外的空气产生对流。

封檐

窑洞上部的崖口处由于常年受到雨水的侵蚀，会慢慢坍落，因此每隔若干年，窑洞的崖面就需要重新向里铲平一次，将窑脸向里移，后窑向里掏深。为避免这种劳动，人们就用瓦在崖口处做一圈封檐，保护崖面。

门

门都朝阳，便于阳光照射。大多数窑洞的门都设在一侧，另一侧加大窗的面积，这样也方便了室内的布置。

风门

黄土高原地区多风沙，为了挡风抗寒，人们常在门外再加一层门，也就是风门。风门实际上是一种单扇的隔扇门，上面可以糊纸或挂门帘，夏天可以拆卸下来，十分方便。

辅助设施

靠崖式窑洞院落内辅助设施也很完善，专门建有家禽、家畜的窝棚等。

等高线型排列

多口窑洞呈等高线型排列，适用于窑洞排列比较整齐的地区，各个窑洞按层分布，整个区域就如同一层层升高的阶梯。

庭院

靠崖式窑洞前的地面只要有一定的宽度，就可以作为庭院来使用，为人们的户外活动和农副业加工提供场所。

住在地下，别有洞天
山西的地坑院

前面提到，在黄土堆积深厚的地区，由于黄土的垂直性好，再加上干燥少雨的气候和稀疏的树木，生活在此的人们也选择开挖窑洞作为居住的房屋，可以大大节省空间和木料。

而在没有崖坡与沟壑的平坦的黄土塬区，人们利用黄土的直立性，向地下挖出一个院落，再在院落的四面垂直洞壁上，掏出若干口窑洞，这就是下沉式窑洞。这种方形大坑般的窑洞从远处看几乎看不见，只有走近了才能发现。因为气候干燥，完全不必担心“地下室”潮湿不宜居住。

只有走近了，才能发现这种大坑般的窑洞

下沉式窑洞主要分布在晋南、豫西、渭北等地。较为著名的是河南三门峡市陕州区和山西运城市平陆县的地坑院。窑洞可分为靠崖式、下沉式和独立式三种，而下沉式窑洞大大节省了地面空间，是三种窑洞中最为珍稀的，也是目前消失得最快的一种民居形式。

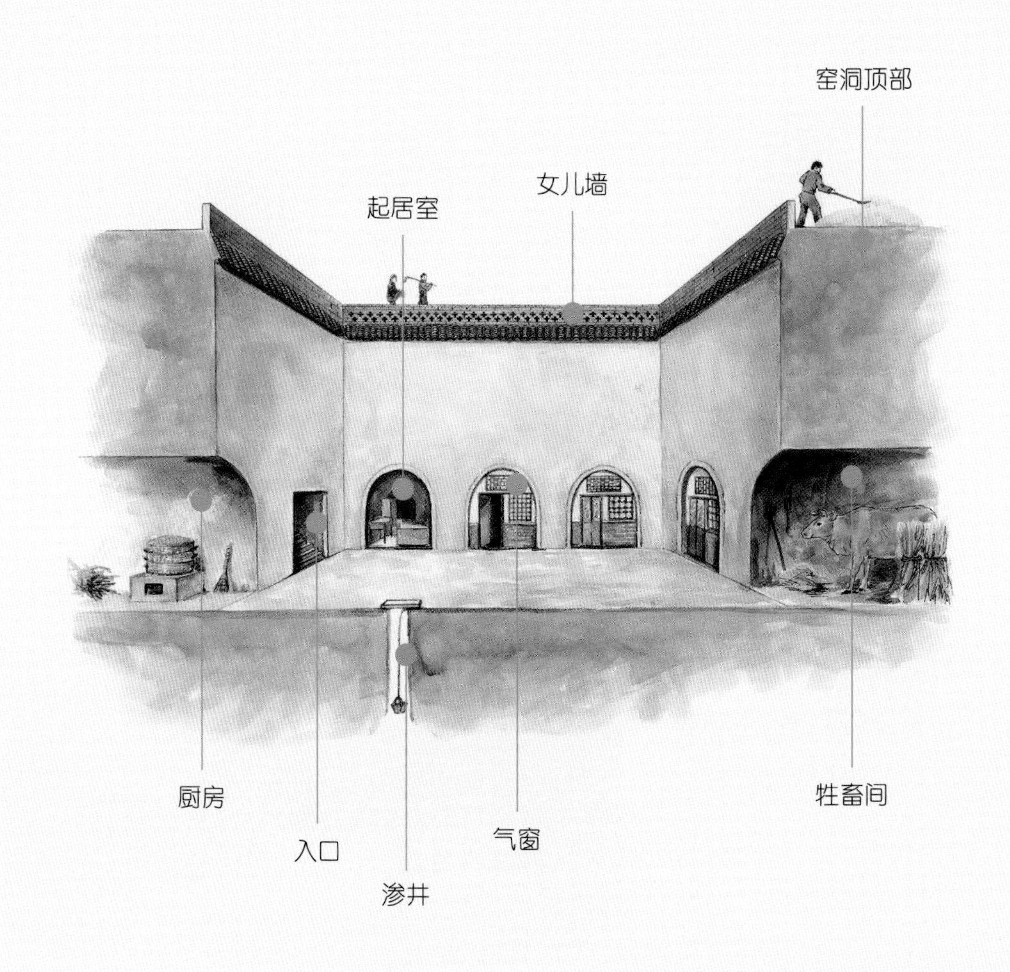

女儿墙

院落上方有用土坯或砖头砌筑的矮墙，叫女儿墙，它可以阻挡雨水流入院内，还能提醒人们防止跌落。同时女儿墙也是乡邻们靠坐在一起小憩闲谈的地方。

起居室

地下光线相对较暗，因此室内家具大都较矮，假如有较高的橱柜，也尽量靠窑内摆放，以避免遮挡室内光线。

厨房

下沉式窑洞的厨房多与炕铺相连，烧饭的余热通过炕底，再从烟囱出去，这样有利于在冬天时提高室温。厨房内除了设置灶台和厨具外，通常还会储备一些木柴，以便烧饭时用。

入口

要留一孔窑洞作为整个院落的出入口。最简单的入口是“一”字形的，从地面直接通到窑院，是下沉式窑洞使用最多的一种入口形式。此外，还有阶梯式入口。

窑洞顶部

窑洞顶部至少要有 3 米以上的土层，虽然平坦，但不能种植农作物，只能作晾晒谷物的场地。植物的根系会破坏黄土的稳固性，一旦出现裂缝，要立即废弃不用。

渗井

下雨天，院内排水主要靠渗井来完成，平时还可作为冰箱，把蔬菜、瓜果置于井内保鲜。黄土塬区干旱少雨，地下水位也低，地坑院中的居民常常需要去外面取水。

牲畜间

在窑洞民居中安排了多种功能的房间，除了客厅、卧室、厨房，还有储存间等附属空间，甚至设有专门饲养牲畜的空间。

气窗

窑洞四面封闭，只靠门窗通风，内外湿度和温度相差较大，设气窗可以造成空气回流，减小温差，同时有利于采光。

窑洞大大地展示了人们适应环境的非凡智慧

山西平遥大宅院

平遥城位于山西中部，是我国现存比较完好的极少数古城之一。明清时期，平遥由于商业的迅速发展，经济十分繁荣，于是发了财的平遥人开始大兴土木，修房建院。现在的平遥大宅院，依然在叙述着多年前晋商的辉煌。

聚财又聚气

在过去的平遥，流传着“北城穷、西城富、东城大院、南城商铺”的说法，基本说明平遥民居的分布情况。

平遥民居的主色调为偏灰的青黑色。风水上说黑色属水，水又是财富的象征，自然得到平遥商人青睐。而依据古人的审美，黑灰色能使家宅的气势颇显恢宏。

平遥民居也属于合院式，其最大特色是正房均用青砖砌筑成独立窑洞的样子，供家中长辈居住。中门将庭院划分为前后两部分，前为社交活动中心，后为内宅。外墙都高达七八米，对外不开窗户，在院子里也很少栽树，当地人认为树木会招来鬼怪，扰乱家宅。

现在的平遥依然可见曾经的繁荣景象

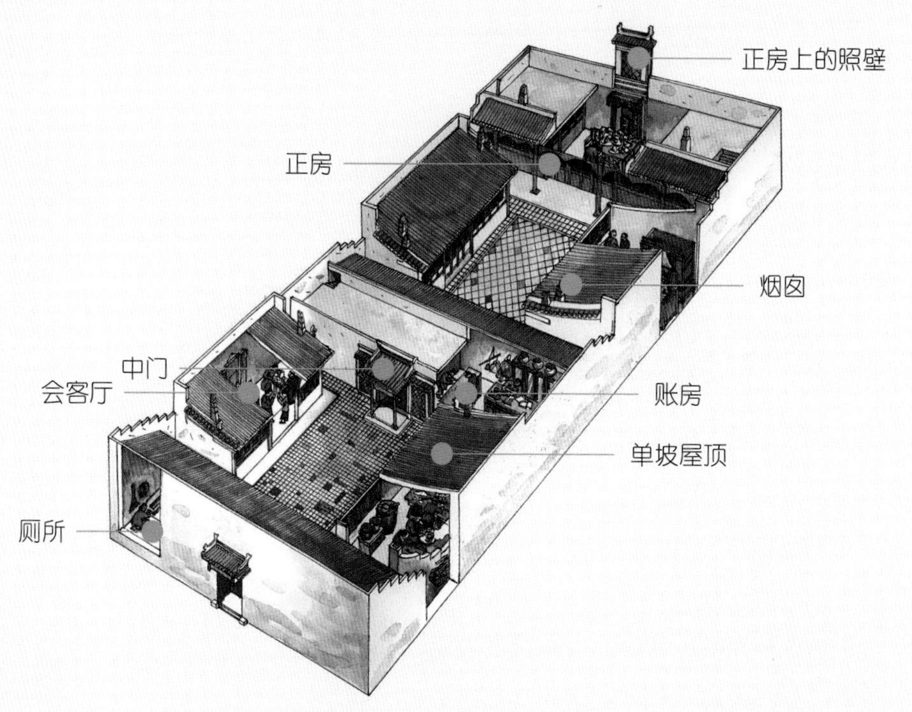

单坡屋顶

“平遥古城十大怪”其中一条便是“房子半边盖”。晋中气候干旱，风沙较大，将房屋建成单坡，能增加外墙高度，而临街又不开窗户，能有效地抵御风沙。平遥地区的房主人大都外出经商，担心妻子儿女受打扰，单坡屋顶的房子以高墙围合以后，就像是一座坚固的城池，不但可以保障家人安全，还有“肥水不流外人田”的寓意。

会客厅

会客厅是房主人接待客人的地方，位于前院的厢房内。

正房

平遥民居的正房建成窑洞样式，用青砖砌筑，冬暖夏凉，噪声少，坚固抗震。但造价也比较高，家中也只有长辈的卧室才设在窑洞式的正房中。

账房

平遥人以经商闻名，住宅中一般都设置账房，管理家中财政。账房通常位于院落中门过道的两侧。

烟囱

平遥民居房内使用火炕，因此房顶上烟囱往往很多，且顶部造型大都不一样，有的做成小房子状，有的做成亭子状，很有趣味。

厕所

平遥民居的厕所位于倒座房（与正房对着的院外一排房屋）的西南角，临街的一隅，远离人们进出的主要路线，以保持院内的清爽。

正房上的照壁

按照传统的中国风水观念，房屋“前低后高，子孙英豪”，因此平遥人喜欢在正房背墙正上方，设置一个花纹通透的小照壁，以提高正房的高度。

中门

中门是区分家庭内外空间的标志，往内就是私密的内宅，一般客人是进不了中门的。中门通常采用垂花门的形式，装饰十分漂亮。

气势恢宏的平遥古城，向世人诉说着曾经的辉煌

江南天井院

在多雨的江南，水给人们带来了巨大的便利，也深刻地影响了这里的建筑风格。江南的民居大多依水而建，整体呈方形，四周高墙合围，只留一个小出口。白墙青瓦映衬着周围的山山水水，宛如一幅淡雅的中国水墨画。

临河人家的水乡梦

“小桥流水人家”这也许是对江南，尤其是苏南和浙江一带民居的最好注解。这里河网密布，自古以来，人们不仅出行以水路交通为主，就连洗衣、买菜、做饭都在河边。水给人们带来了巨大的便利，最好的家园模式或者说江南民居的“样板间”就是临河而建，一面毗邻街道，另一面毗邻河道。

可惜建设“水景房”的土地有限，为了争取最大的空间利用，人们在河上伸展出檐廊（指在建筑物底层出檐下的水平交通空间）、阳台，甚至另一个小房子，或在自家房屋上再搭出一层小楼。这些经过精密计算的房屋建筑沿河蜿蜒排列着，形成了江南独有的河街。

江南水乡的天井院总有一面毗邻河道

二层楼

江南民居多为二层楼房，二楼底层是砖结构，上层是木结构。在现代人看来很有小别墅的感觉，但其实是为了防潮，同时也是在沿河有限的空间里扩大居住面积的一种方式。

后门

南方夏天炎热潮湿，所以江南人家大都有后门，前后门贯通，便于通风换气。同时后门与河道相连，方便直通码头。

私人码头

不要小看这些台阶，它们其实是简化了的私人码头。码头是水乡人家住宅最重要的组成之一，不仅可停靠各家船只，也是居民洗菜、洗衣的地方。

粉墙黛瓦

白色外墙利于反射阳光，特别是在炎热的夏季可以给人凉爽的感觉。同时，素雅的颜色也和一年四季花红柳绿的环境相映成趣。

公共码头

街道上设置了多个公共码头，方便不临河的人家到公共码头洗漱、出行，同时这种设置有利于发生火灾时就近取水。

檐廊

临水建筑在底层延伸出一排屋顶，下面设置栏杆，两者共同构成檐廊，这里不仅可以开设店铺,也是人们聊天的场所。为最大限度利用水面空间，当地人从自家向河面伸出一个座椅靠背栏杆甚至一个阳台。夏可吹风乘凉，冬可晒太阳取暖，非常惬意。

马头墙

江南民居建筑密度大，不利于防火。高高的马头墙能在相邻民居发生火灾时隔断火源，因形似马头而得名。

吊脚楼

向河面延伸空间过大时，就在底部设立支柱，形成吊脚楼的形式。木质楼体可以最大限度减轻楼梯重量。屋顶上也铺瓦，形成了水乡民居双层屋檐的结构。

隐秘小楼里的精致生活

皖南地区，包括江西婺源在内，古代称为徽州。这里山多地少，随着北方人口的不断南迁，土地已渐渐不能满足人们的生存需求，于是许多人外出经商，这就是历史上的著名商帮之一——徽商。徽商在宋代开始活跃，至明末到清初为鼎盛时期，他们经商致富后便回家建院，因此皖南民居的建筑形式与当地的自然环境和历史条件都密切相关。

皖南山区的天井院看起来非常密集

这里的民居院落都很小，中心的院落就变成了天井，四周只有建楼房才能扩大容积率。此外，由于男人在外经商，家中只有妻小，房子就格外需要注意私密性和安全性，于是房子四周以高墙围合，只留一个小小的入口。因此从外形上看，皖南民居的整体造型呈四方形，外面白墙高耸，屋顶覆盖密密麻麻的小青瓦，白墙黛瓦映着村落中的远山近水，犹如一幅清新、淡雅的中国水墨画。

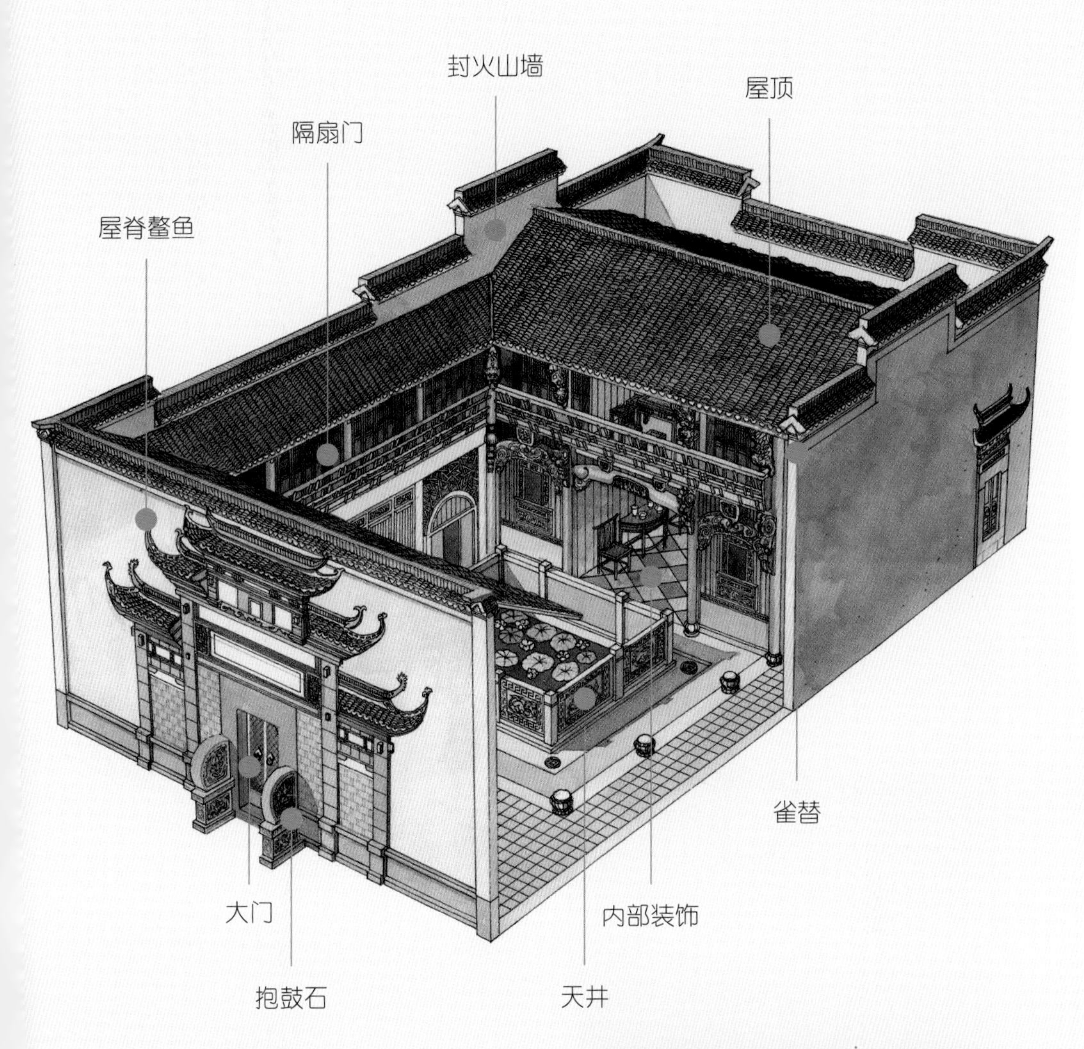

屋顶

院落四周的屋顶都向内倾斜，下雨时，雨水会流到自家院子里，形成“四水归堂”的形式，使院落空间更为私密，同时也暗喻“肥水不流外人田”，意为“聚财”。

抱鼓石

皖南民居门前的抱鼓石高大，比北方民居的抱鼓石更加敦实。与北京四合院的抱鼓石相比，前者注重装饰，后者更注重表示主人官宦身份。

天井

南方夏天闷热，所以建筑不像北方那样需要增加采光，相反要减少日光直射，因此只在院子中部留一小块开敞的空间，俯瞰如同井口一般，得名天井。

大门

出于安全考虑，皖南民居的大门都很小，只能根据装饰的繁简与装饰面积的大小来判断贫富情况。通常在木质的门板上用水磨砖拼嵌或铁皮镶嵌，既美观，又防火。

屋脊鳌鱼

鳌鱼，龙头鱼身，是中国古代神话传说中的动物，用在门楼屋脊两端作为装饰，在皖南民居装饰中十分常见。

封火山墙

又叫马头墙，是高出屋顶的山墙，兼具防火与防盗功能。比起江南水乡的民居，皖南民居的马头墙更加突出。

雀替

位于梁柱上端，起到装饰与承重作用。皖南民居中的雀替是木雕装饰的重点，常见的题材有人物故事、植物花卉等，都是人们喜闻乐见的题材。

隔扇门

是门，又是窗，且上部的窗棂不像北方的糊纸或纱，而是镂空的，可以更好地通风，但雨季时也会让室内比较潮湿。

内部装饰

皖南地区经济富庶，家中人主要靠外面的亲人寄钱生活，庭院内部不设放置农具和饲养牲畜的空间，而是以精美的雕刻和人造假山等景色为主，人们把金钱和精力放在装饰房屋上，因此屋内装修十分精美细致。

水乡的民居有种温秀婉约之美

福建泉州红砖房

一眼望去，泉州城里红色的砖和红色的瓦十分醒目，每一个村落都是红红火火的。和江南民居为了显示清雅而经常使用青砖青瓦不同，泉州一带的民居多使用红砖。因为当地黏土中三氧化二铁的含量很高，经过高温烧制后会呈现明丽的红色，由此制作而成的红砖、红瓦，样子热烈而俏丽。

家里的红火日子

泉州历史悠久，早在新石器时代就有人类在此定居。在漫长的岁月中，随着大批中原人南迁，带来了中原传统的民居建筑形式和营造技术，今天泉州民居中的曲面屋顶与合院样式就保留了中原建筑的风格。

宋元时期，泉州成为东方大港。当时的建筑师受到外来建筑思想的影响和渗透，再结合本地特有的红砖，形成了泉州民居建筑的鲜明特色。

典型的泉州民居村落，道路从南到北缓缓升高，形成全村前低后高的坡面布局。这种一次性规划建设的模式严谨而先进，今天我们的高档住宅小区也是如此。下面我们以官桥镇漳里村的一个经典院落为例来作详细介绍。

红色的砖墙，让泉州城里的村落显得“红红火火”

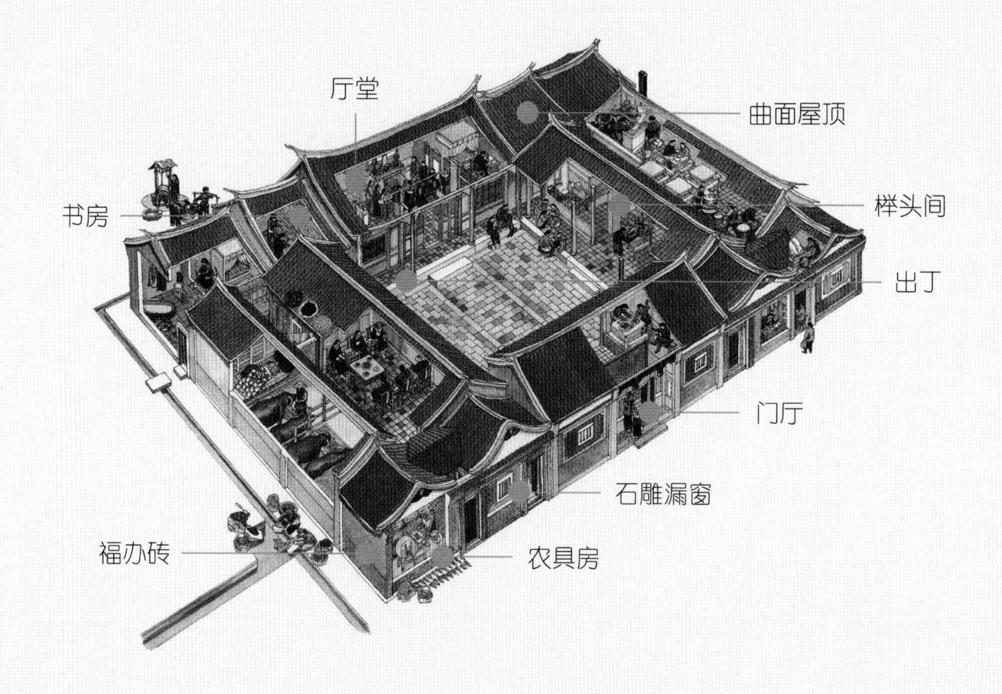

出丁

厅堂前铺一条长石板，称为大石砛，起点和终点都正对两根厅廊柱。石板缝和柱础形成“丁”字形，称为“出丁”，据说这样可以生男孩，兴旺家族。

榉头间

闽南民居的专用名词，这种古老的称谓是指位于中心庭院左右两侧的东西厢房。榉头间通常只有一开间，左边是祖父母居住的房间，右边是父母居住的房间。泉州民居中保留了许多古代的建筑称谓。

曲面屋顶

泉州民居的屋顶很有表现力，在屋顶上几乎找不到一条真正的直线。如果从正面看这条线是直线，当从侧面看时，就是弧线。再加上中间低、两端高的屋脊形式，使整个屋面看起来轻盈、富有动感。

农具房

农闲时节把农具统一收起来放在农具房内，方便用时取拿，也表现了泉州人民勤劳、节俭的品质。

石雕漏窗

泉州民居的石雕，通常使用青色或白色的石头，以此与红砖红瓦形成鲜明的对比，比如庭院墙壁上就有很多青石镂空花窗，雕刻细致、精美。

书房

通常被安排在较为安静的位置，以保证良好的学习环境。耕田归家的人，洗去汗尘就进房读书。中国农业社会时期“耕读传家”的传统理念，在泉州民居建筑中便有所体现。

福办砖

泉州民居外部墙体多为“福办砖”砌筑。红色是吉祥、辟邪的颜色，当地人称红色的砖为“福办砖”，根据色彩深浅不同，可拼成各种图案，即使有些不能构成图案，因为色彩有差别，也是不错的装饰。

门厅

大门所在的门厅称为下大厅。一进门，厅内的木质大屏风，取代了传统四合院中户外影壁的功能。门厅两边的耳房也是门房，经常被用作做针线活的场所。

厅堂

厅堂也称上大厅，是家人祭祀的地方。每家的主厅堂都设有祖宗牌位，并且在厅堂上空架设灯梁。据说，灯梁可以驱邪驱魔，所以灯梁上都绘有彩画。

2 聚族而居 共御外敌

俗话说，人多力量大。在中国的很多地方，同一个大家族的成员往往生活在一起，共同躲避自然灾害和盗贼匪寇。这也深深地影响了当地民居的建筑风格。福建土楼、赣南围屋、开平碉楼……这些民居如同堡垒一般坚固而令人敬畏，它们错落分布在周围的环境中，共同构成了一个奇妙的世界。

河北蔚县古堡

河北蔚县的“蔚”，在地名中的发音为“玉”，古代燕云十六州的蔚州就是现在的蔚县。它位于河北省西部，地处壶流河盆地，是连接华北平原和张北高原的险关要塞。明朝时，北方游牧民族经常由此南侵。为防御侵扰，蔚县境内修建了大量城堡。

500 年前的兵戎记忆

蔚县古堡最初是由官府兴建用来驻守军队的官堡。但大量士兵屯集于边境，却不见得能时时派上用场。于是，屯军逐渐演变为以耕地为主而守备为次，军人卸下戎装就变农民。如果不开战，城堡就成为后勤保障基地。

官堡的存在也影响了当地人，出于自守需要，附近居民也开始自发修建城堡，“有警则入城堡，无事则耕，且种且守”。明朝官府对此非常鼓励，地理位置比较重要的民堡，官府还会出资帮助。于是蔚县的许多村落都变成了一个个小城堡，每天清晨，人们就打开堡门，外出耕作，傍晚后再返回堡内休息。

打铁花原是旧时人们买不起烟花而发明的娱乐方式，现在已成为蔚县的另一种文化传承

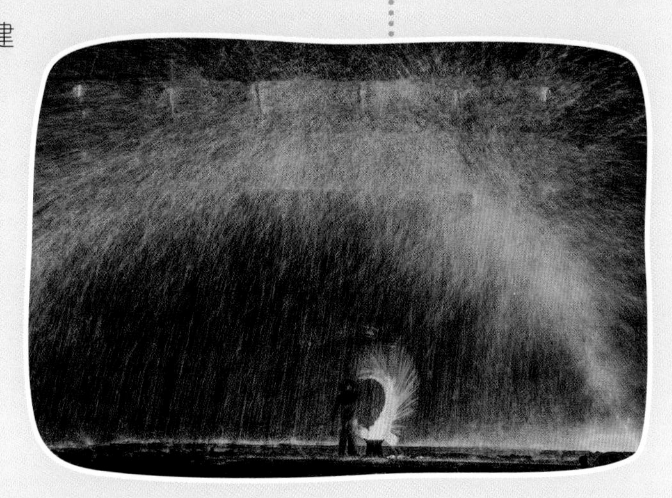

大多数的蔚县古堡平面为方形，外部城墙由夯土垒筑，中央一条南北走向的主街，也是城堡的中轴线，沿街分布城门、戏台、庙宇等建筑，最北端一般是真武庙。中轴线两侧是民居建筑，多为四合院的形式，整整齐齐，秩序井然。

堡内的住宅

堡内的住宅形式为北方典型的四合院，规模有大有小。小型的住宅只有一个院落，由正房、厢房和倒座房组成，规模大的由两进、三进等院落组成。

城门

对于城堡来说，城门越多，越不利于防守。蔚县城堡通常只在南侧设门，居民进出都经过这里，并且保持着堡内居住、堡外耕作和天黑即关堡门的习俗。

城墙

蔚县古堡的城墙多为夯土垒筑，高度因堡而异。一般来说，官堡的城墙高度在10米以上，民堡的墙高为7～8米。

戏台

蔚县几乎村村都有戏台，戏台建在城门前面，正对大门，是村落最重要的公共建筑之一。

真武庙

蔚县城堡大多不在北侧设城门，而是构筑高台，建真武庙。据传，真武大帝是道教神仙，司职北方，因北方五行属水，故真武也是管水的天神。用管水的天神坐镇城堡，可防止水灾和火灾。坐镇城堡北方的真武庙可瞭敌、可防御、可指挥，与南门城楼一前一后，共同组成城堡的军事枢纽。

释迦寺

蔚县城堡内的民间宗教建筑很多，如佛寺、道观、关帝庙、龙王庙等，类型多种多样。下图的释迦寺位于城南。

蔚县古堡遗址，隐约可见当年的雄壮

福建土楼

在福建省西南部的深山密林中，巨大而坚固的土楼如一座座大型城堡让人心生敬畏。这些沉淀了客家人历史的民居建筑错落分布，构成一个奇妙的世界。

山林间的桃花源

这片隐蔽在山林中的巨大蘑菇状建筑，曾经被美国卫星误认为神秘的核力量。土楼的创造者——客家人原是生活在中原一带的汉人，因战乱、饥荒等各种原因南迁，为了躲避乱军流寇和原住民的袭扰，定居在偏僻的山区。颠沛流离的种种困难让他们深深体会到团结互助的重要性。因此，每到一处，本姓本家人总要聚居在一起，逐渐形成了今天土楼内以血缘为纽带、聚族而居的特点。

而山林中野兽与强盗的出没，则让客家人把“防御性”的设计融入其中：楼中不仅可以储存粮食，饲养牲畜，还有水井提供水源。大门一关，土楼就像坚强的大堡垒，妇孺老幼尽可高枕无忧。勤劳的客家人围绕土楼开垦农田，兴建各种水利设施，在大山深处营造了一个个世外桃源。

土楼通常隐藏在山林中

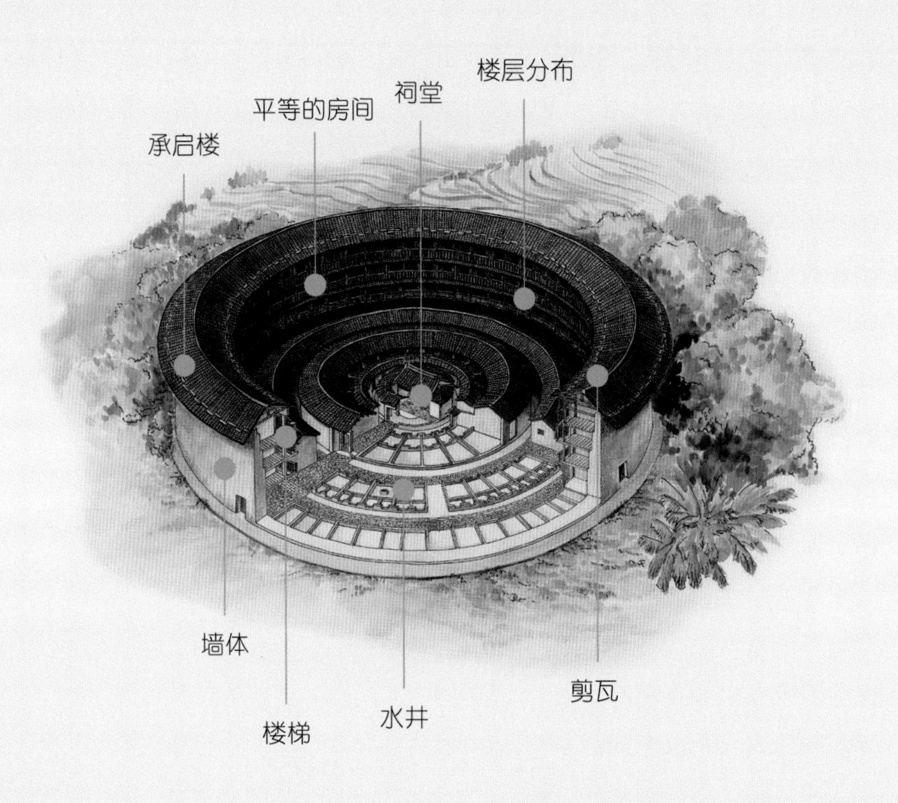

承启楼

承启楼位于福建永定县内，是客家土楼中内通廊式圆楼的典型代表之一。它最大的特点是由4个同心圆的环形建筑层层相套、组合而成。中心是祖屋，由一个小的圆形院落构成，第二圈高一层，每层设32个房间，充当书房。第三圈高两层，每层有40个房间，最外圈高四层，每层有72个房间。第三圈和第四圈的房间一般用作卧室、厨房、谷仓等。

剪瓦

民间采用剪刀状的铺瓦方式来解决环形屋顶的问题，即小青瓦按照剪刀口的“V”形样子，数列一组，正反交替铺就，这就是“剪瓦”。

楼层分布

最外圈建筑的底层全部是厨房，二层全部是谷仓，三、四层全部是卧室。一、二层不开窗，就是敌人逼到墙下也奈何不得。

水井

土楼内大都设有水井，一是为了汲水容易，方便居民生活；二是便于在敌人围楼时，楼内居民还能保持正常的生活。

平等的房间

全楼共有400余间房，住房大小完全一致，在讲求长幼尊卑的传统时代，这种完全平等的住宅方式，的确有领先社会的感觉。

楼梯

在圆楼内部每隔一段距离都要设公共楼梯，这些楼梯多是用木头制作而成的台阶，通向各个楼层，人们再通过土楼前的通廊走向各家。

祠堂

传统的土楼多是一个姓氏的大家族聚族而居，所以在土楼中心天井院要单独建一所房屋作为祠堂。

墙体

福建地区受台风影响较大，客家人取材当地的黏沙土，经过反复的揉、捣、压，夯筑成外墙，承启楼外环底层墙体厚达1.5米，四层也有0.9米厚，不仅可防台风侵袭，隔热效果也非常好。

江西赣南围屋

在江西省南部，有一种特殊的民居，集祠、家、堡于一体，既能容纳温馨的大家族群居，也有坚固的防御能力，它就是赣南围屋。

崇山峻岭中的完美堡垒

赣南，也就是江西省的南部地区，位于赣江上游，东靠武夷山与闽西地区相连，西傍罗霄山脉同湖南相接，南横五岭和粤东北相邻。周围都是崇山峻岭，当地民谚称：“七山一水一分田”。又由于赣南地区位于赣、闽、粤、湘四省之相交地带，自宋元尤其是明中叶后，平日盗匪横行，战时兵家必争。在这种险恶的生存环境下，当地人为防匪患兵乱，就建造了“围屋”。

围屋的外墙没有窗户，但有一排排枪眼，防御能力强，外敌很难靠近

围屋，顾名思义，就是围起来的房子。典型的围屋平面为方形，四角构筑有朝外凸出的炮楼。房屋高二至四层，四角炮楼又高出一层。外墙均不设窗，但是在顶层楼上设有一排排枪眼。射击孔设置得恰到好处，几乎没有防御的死角，外敌很难靠近。抗战时，日本兵也曾对赣南围屋望而却步。据说旧时楼内的墙皮是用蕨粉粉刷的，一旦受围困时粮食吃完，楼内的人还可以吃墙皮。

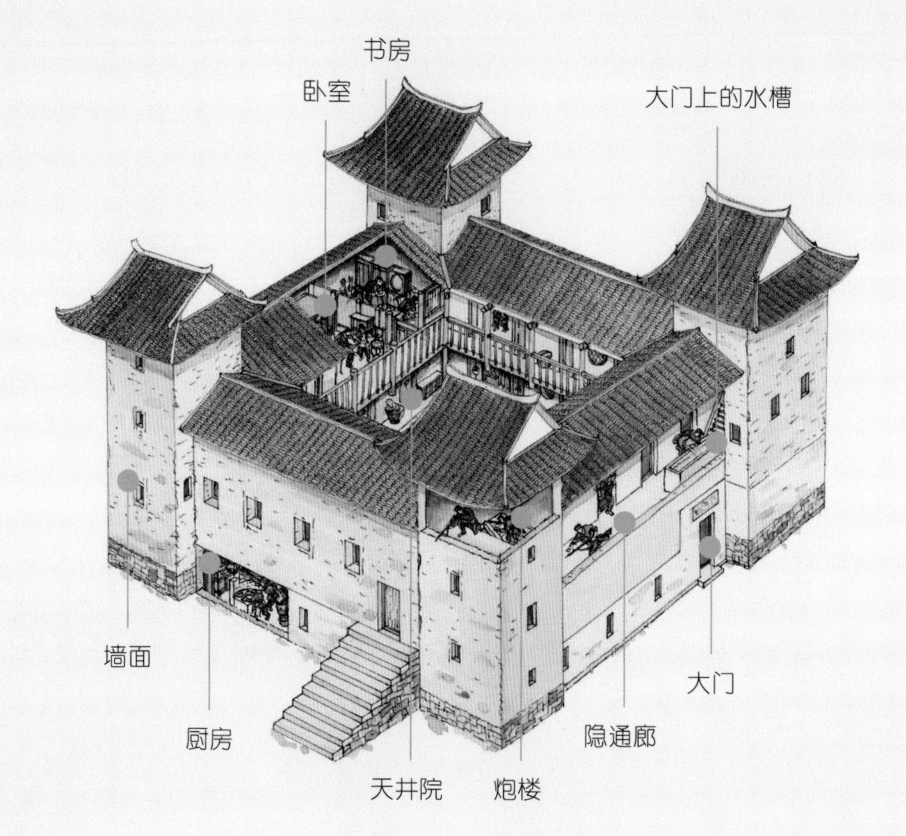

大门

相对于高大的围墙，围屋的大门显得比较窄小。因为门是防守最薄弱的地方，所以整座房子进出往往只有一扇门，还有的人家特意提高门的高度，用台阶与地面相连，防止外敌掏空门下的土地潜入。

卧室

围屋里的大部分房间是卧室，这样可以安排人口很多的大家庭在里面聚族而居。

天井院

围屋是集祠堂、住宅、堡垒于一体的民居，为了充分利用围内空间，各种不同功能的房间都集中于此。

隐通廊

隐通廊设在楼顶层内部，从院子中看不到，但是每个顶层的房间都有一个后门，通往隐通廊。隐通廊里面不住人，更不能随意堆砌杂物，以方便抵御入侵者时流动作战。楼内、天井和通道的空间因此也比较狭窄。

大门上的水槽

大门的上部设置有石质水槽，平时都储存着大量的水。遇到敌人火攻大门时，可从水槽放水灭火。

炮楼

炮楼通常建在围屋的一角、对称的两角或者四角都有，常凸出墙面 1 米左右，这样在防御射击上就没有死角，这是福建土楼所没有的。

厨房

厨房设在地面层，这样方便原料供给和排水，院内设有水井和排水沟。厨房的烟囱为一小孔，直接通向楼外。

书房

在围屋的二三层，至少会设置一个书房。书房可以供家长阅读和处理文书等事宜，也可以是孩子的私塾教室。

墙面

围屋外墙大多厚达 1 米以上，所用的材料十分丰富，有青砖墙、条石墙、石片墙、河卵石墙等。青砖墙和条石墙大多采用俗称“金包银”的砌法，即里面的墙体用土坯或夯土垒筑，外面用青砖或条石砌筑。

广东梅州围龙屋

广东梅州一带，地处丘陵地带，当地的客家人依山建房，聚族而居，形成了一种特有的住宅——围龙屋。站在高处看，围龙屋呈马蹄形，马蹄敞口的一面，常有一个半月形的水塘，整体布局活脱脱一个体育场的形状。

斜坡上的围城迷宫

梅州围龙屋的选址十分讲究，一般建在山坡上，强调背山面水，即使在地理条件不是很理想的地点，也要营造出背山面水的格局。如果在平地上，就会人为地将后面的建筑基座抬高，在房前挖掘水塘。客家人有在屋后栽植树木的传统，认为这样才能上应苍天，下合大地，吉祥如意。

客家人历来精诚团结，全家族集中居住，一个围龙屋一般可住二三十户人家，大的可达八十户。多个围龙屋组成一个村庄，大的围龙屋甚至可以单独成为一个村庄。围龙屋最特别的是内部的房子纵横相接，到处是廊子和开敞的厅堂，行走其中可免受日晒雨淋，但对初来者来说，就好像迷宫一样了。

梅州围龙屋在建造时，通常会在房前挖掘水塘

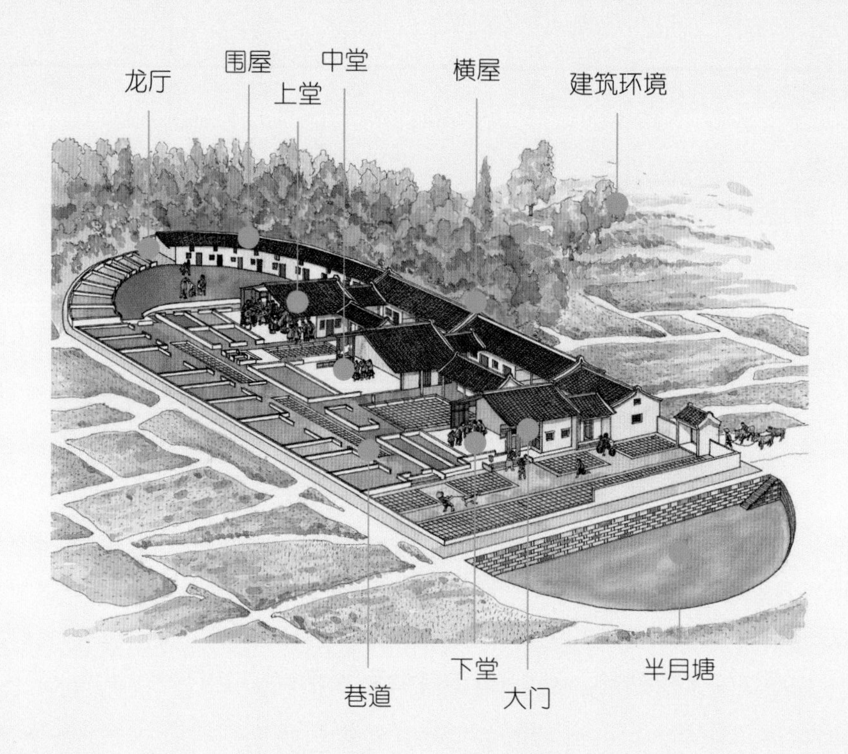

建筑环境

秉承古汉族人“天人感应”的思想，客家人建屋时，要请风水师选宅址。先将小丘陵依八卦分为24朝向，再按建宅人的生辰八字，依五行相生相克原则，选择最适合主人的方位。

半月塘

设置在屋前方，除了风水讲究，还可作防火的水源。水塘的宽度，或与前厅相等，或与整个围龙屋外沿等宽。

上堂

家族内部的事务中心，相对中堂来说，空间更为私密。

中堂

家族的对外活动中心，供奉着天、地、君、亲、师牌位。家里的祭祀、红白喜事、接待贵宾等都在这里。

下堂

也就是门厅，是大门内的过道，内设有屏风遮挡院内的景象。

围屋

外围一圈的房屋，不住人，而是分配给各家当厨房和储藏室用。因为整个围龙屋地势前低后高，所以围屋相邻房间的地面水平高度依次递增。

横屋

横屋是围龙屋的一大建筑特色，位于厅堂两厢，与中轴线平行，是家人的活动间与起居室。

大门

大门造得相当坚固。门扇不仅采用厚木料，而且还带有凹凸的“企口”，关门时互相咬合，就没有透空的缝隙了。

龙厅

围龙屋后部围屋中央的一个开间，做成敞厅的形式，是供奉刚过世先人的地方。

巷道

围龙屋内建筑密集，巷道狭窄，两边房屋都有高大的封火墙隔断，也挡住了阳光照射，让屋内变得凉爽。

位于梅州市大埔县的泰安楼是国内罕见的方形围龙屋，在周围高楼林立的现代化城市中独领风骚

广东开平碉楼

广东省西南部的开平县，隶属江门市，是我国著名的侨乡。这里三面环山，地势低洼，每当遇到海潮或台风暴雨就会发生洪涝灾害。由于历史原因，几百年来开平一带社会秩序也很混乱，经常有盗贼匪寇出没。天灾人祸，使得当地居民多到海外谋生。为了防洪防匪，海外华侨寄回巨资，于是开平的人们创造出了一种特殊的碉楼民居。

土洋结合的战斗堡垒

开平碉楼一般都建成高塔的形状，高3～6层，甚至可到9层。军事功能是碉楼首要关注的，因此楼体每层都设有直棂铁窗，平时开着通风采光，遇有盗匪来袭就变成射击孔，坚固的窗扇关上就可防枪弹和火攻。

千姿百态的屋顶是开平碉楼最具特色的部分，既有中国传统的硬山式，也有西方的希腊、罗马、拜占庭等风格，当然最多的是中西混合式。

碉楼多建在村子两侧或外围后部，便于瞭望与守卫，也不会破坏村落的整体景观与风水布局。

建造碉楼时，通常会选在开阔位置，既能方便瞭望，也不会破坏村落布局

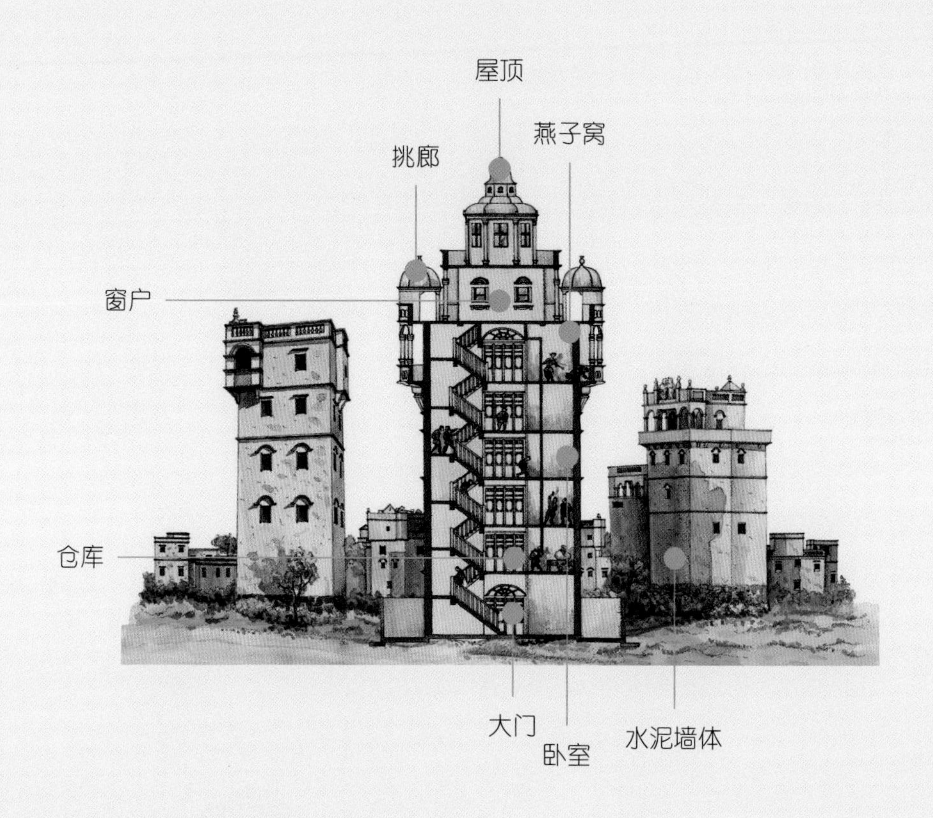

挑廊

在碉楼顶层常出挑一圈围廊，供人们眺望和射击用。挑廊四周都设有枪眼，有的还安装有探照灯，用于夜晚侦察和跟踪敌情。

燕子窝

开平碉楼出挑部分的四个拐弯处，常设置一种圆筒状炮楼，俗称“燕子窝”，内设向前和向下的射击孔，用于侦察和战斗。

卧室

碉楼内部房间以卧室和仓库为主。老人、妇女和儿童的卧室通常在中层以下，青壮年男丁住在上面的楼层，方便登高和射击战斗。

窗户

碉楼的各层都有兼作枪眼的小窗，小窗内有竖向的铁条，窗扇常用超过 3 毫米厚的进口钢板制作，足够防弹。虽然钢筋铁骨，但造型和装饰都有不同。

水泥墙体

出于防御目的，碉楼的墙体做得很坚固，有的甚至可达 1 米厚。常常在土坯墙的表面，先抹上灰砂，然后再抹上一层水泥，既可以抵御雨水冲刷，也能防枪弹射击。

大门

开平碉楼的大门很“低调”，开设得小而简单，目的是不引人注目。门也是钢板做成的，关上后，外面的人不容易打开。

屋顶

开平碉楼造型的变化主要在于屋顶部分，屋顶的造型可以归纳为 100 多种，但比较经典的有中国式屋顶、庭院式阳台顶、巴洛克风格屋顶等。图中为巴洛克风格屋顶。

仓库

碉楼下层的房间主要用来藏家产和储存粮食，粮食可供坚守时消耗，精细而易于携带的贵重物品放在楼下，逃跑时方便携带。

碉楼成为当地的标志性建筑

3 民族聚落 异彩纷呈

中国有 56 个民族，其中部分少数民族分布在边陲地区。那里的自然条件比较恶劣，所以他们的民居不仅带有少数民族特色，也表现出对当地环境的适应。蒙古包、湘西吊脚楼、贵州石板房、云南竹楼、西藏碉房……这些我们耳熟能详的少数民族民居，为中国的建筑文化添上了浓墨重彩的一笔。

新疆阿以旺
维吾尔族

天山南麓和塔里木盆地周围的绿洲，是维吾尔族的主要聚居区。这一带地广人稀，可以盖大房子，住宅的形式也多种多样。最有代表性的维吾尔族民居是阿以旺，在维吾尔语中意为“明亮的处所”。

绿洲上的安乐窝

“早穿皮袄午穿纱，围着火炉吃西瓜”，沙漠绿洲附近，不论一天内还是每年的冬夏季节，温差都很大。为了对抗常年的强烈光照和酷热严寒，建房时，会设置很多封闭居室，室内光线比较阴暗。但能歌善舞的维吾尔族同胞更喜欢在室外活动，加上新疆干燥少雨，人们便在院落里设置户外家庭活动中心。

“阿以旺”其实只是整个院落的一小部分空间，即在小庭院上加盖平屋顶，并设置通风采光的天窗。之所以用“明亮之处”来命名民居，也许在某种程度上表达了人们对阳光既敬而远之又渴望获得的矛盾心理。

新疆吐鲁番盆地地形闭塞，天气干旱炎热，从而孕育了独特的民居——阿以旺

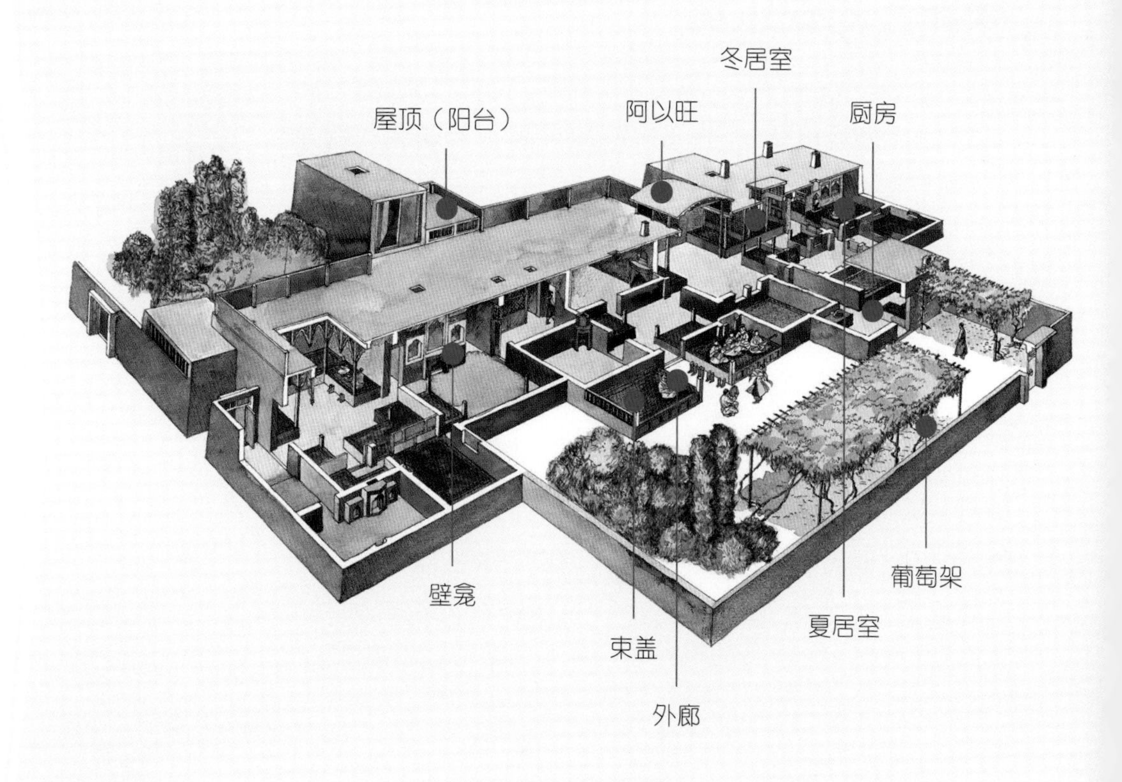

冬居室

因为冬夏温差巨大，绿洲民居中就有冬居室和夏居室之分，以便在不同的季节中使用。冬居室为了保暖，通常不开窗，私密性很高，面积也很小，一般不到 9 平方米。

夏居室

供夏季使用的房间，空间开放，面积大，一般在 13 ~ 15 平方米。

阿以旺

这块明亮空间，来自小庭院上加盖平屋顶，它高出其他部分的屋顶，并在其下的 4 个侧面设置天窗，以供通风采光。阿以旺是维吾尔族民居中的精华部分，既是住宅内部的起居室，又可进行户外活动，是人们喜庆聚集的最佳场地。

外廊

外廊一般都铺炕，顶部的出檐遮挡了阳

光，檐下的炕就成为室外活动的主要场所。不仅白天可以接待客人，在炎热的夏夜，还被当作床来睡觉。

葡萄架

只要有条件，维吾尔族家家院子里都种果树，葡萄架更成为住宅庭院中最常见的设置，葡萄架下的阴凉往往成为庭院的中心。

厨房

厨房一般设在门口，其中最主要的设施是烤馕坑，也就是烤炉。白面做的馕是维吾尔族人的主食，类似于中原的大烧饼。

屋顶（阳台）

以矮墙作为栏杆，屋顶就成了大阳台。因为当地少雨，屋顶根本没必要有排水设施。

壁龛

维吾尔族民居内家具少，壁龛可以放瓷器、铜器和其他生活用具，大的壁龛甚至可以放置衣被，同时还可以装饰墙面。壁龛的多少是经济实力的象征，客厅里华丽的壁龛多，能显示这家的富贵。

束盖

从古至今，阿以旺院落中几乎每个房间都有束盖炕——一种不能加热的实心土炕，有局部的，也有占满整个房间的，它不只是睡觉的地方，也是家居活动的平台。

内蒙古蒙古包
蒙古族

在大草原上，蒙古族以游牧生活为主，逐水草而居，随四季变化而转换草场，不固定的生活方式决定了他们的居所不仅要易于拆装，还要能防风抗寒。蒙古包就是在这样的环境下应运而生的。而且出于运输的便捷，再加上草原上的建筑材料有限，这种住宅不仅可以最大限度地利用现有材料，建造时也非常省时省力。

草原上的移动城堡

蒙古包在古代被称为“毡帐”，据说现今北美一带印第安人居住的一种叫作“蒂皮”的圆锥状帐篷，就是原始的蒙古包流传过去的。其实蒙古包是来自满族人的称呼，“包”就是蒙语“家”的意思。

从平面上看，蒙古包是圆形的，因为圆形使用的围墙最短，围起的面积却最大，所以尽管它节省了很多建筑材料，内部空间却很宽敞。草原上地形平坦，风力大，蒙古包接近流线型，不管风从哪个角度吹来，蒙古包与风向垂直的面积都非常小，这样对风的阻力也减到了最小，可以有效抗击风暴的袭击。

流线型的蒙古包，能有效抵抗风暴侵袭

木质骨架和外面包裹的毛毡是蒙古包的两大组成部分，这些材料不仅利于防风、隔热，而且体积小、重量轻，搭建简单，拆卸容易。蒙古包就好像草原上的移动城堡，搬家时，只要一辆简单的勒勒车，就能轻易把整个家运走。

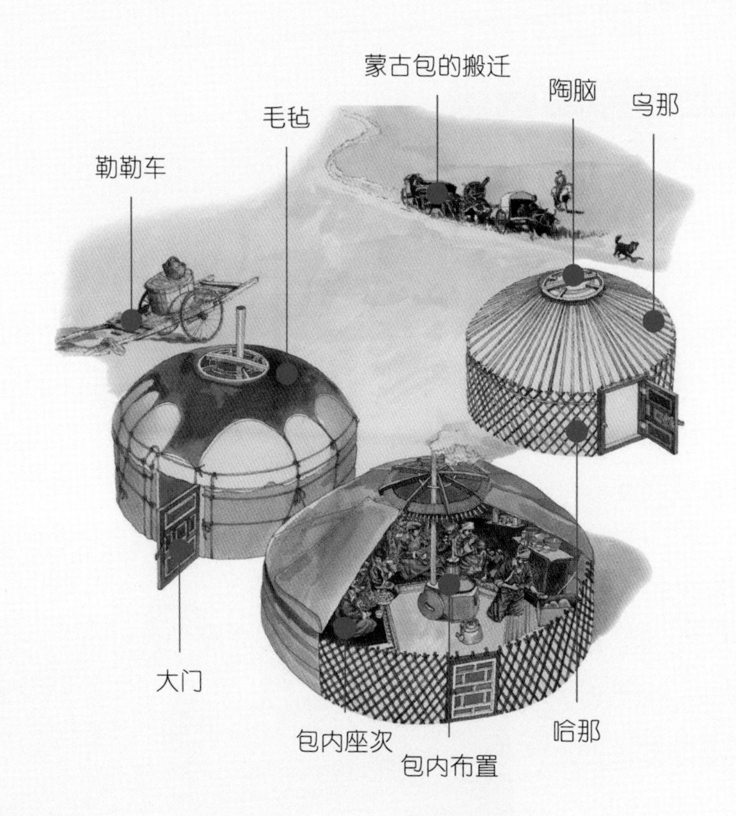

哈那

蒙古包墙体的骨架，是一种木质的可以伸缩折叠的网架墙，类似于可以伸缩的栅栏门。每片哈那都有固定的尺寸，拉开后可以变成一个宽 3 米、高 1.2 米的栅栏。哈那的数量直接决定了蒙古包的大小，最简单的蒙古包由 4 片哈那构成。

陶脑

蒙古包上部，由四圈铁环和木框组成的圆顶天窗，称为“陶脑”，炉灶的烟囱就通过陶脑伸出包外。

包内布置

除了门附近，室内地面均有地板，地板上通常铺设地毯。家具沿包内四周摆放，蒙古包内的家具很少，而且都是矮家具，主要用于放置餐具。中心为灶台，设置在陶脑下面是为了利于排出炊烟。

乌那

类似伞骨般的乌那装在最外一圈铁环上，让乌那可以像雨伞般撑开或收起。

蒙古包的搬迁

蒙古包最大的特点是容易搬迁，将蒙古包拆下，用几辆勒勒车便可运走全部的毡房、家具和灶具。

包内座次

虽然包内是圆形区域，但座位却有严格的区分。蒙古包正对着门的方向是男主人的座位，以此分界，男客坐主人右侧，女客和儿童坐在主人左侧。

大门

草原上常受到来自西伯利亚的寒冷西北风侵袭，大门朝东开，可以背风保暖，当太阳升起时也正好可以照进包内。13世纪前，蒙古族等北方少数民族信奉萨满教，有祭拜太阳的习俗，把门设在东边，可在一天的清晨，打开门就受到太阳的恩泽。

毛毡

骨架搭好后，顶部和四周都以厚厚的毛毡包裹，再用马鬃绳扎紧。夏天，可以把包底部的一圈毡子掀开，利于通风。毛毡还可以用来铺设地毯，制作人们穿的鞋子。

勒勒车

一种蒙古族的畜力两轮车，通常用牛来拉，名称来自木轱辘发出的声音。车子车身较低，轮子较大，承重性强，是蒙古族家庭在搬家时必不可少的运输工具。

白色的蒙古包点缀在绿色的山间，形成色彩分明的美丽画面

吉林、黑龙江矮屋
朝鲜族

我国东北三省居住着很多朝鲜族同胞，与他们一同扎根在这片大地上的还有极具朝鲜特色的矮屋。这种承袭了唐朝习俗的民居，点亮了朝鲜族人的温暖生活。

冰天雪地的温柔乡

矮屋，光看字面也知道房子的个头高不了。室内的净高在 2.2 ~ 2.4 米之间，再加上地面搭起火炕，就更显低矮。这种看似憋闷的空间，其实是很科学的。

东北的朝鲜族主要是从朝鲜半岛北部迁来的，那里气候寒冷，低矮的室内空间有利于保温。矮屋地面下是一条条并列的火道，覆以砖石，用泥抹平，上面再铺席或地板，整个地面就是一个火炕，冬季非常温暖。平时人们席地而坐，不设椅凳，这是宋朝以前中国人的普遍习惯。

矮屋还遵守着阴阳五行和儒家思想。男子均在南向的房间里活动和居住，女子则在北向的房间；即使是客人，也是男客坐南屋，女客进北屋。因为“敬老爱幼”，晚上睡觉时，老人住在最温暖的大居室，离灶最近，主人夫妇住上房，其他房间给孩子们及客人居住。

矮屋是朝鲜族的一大特色

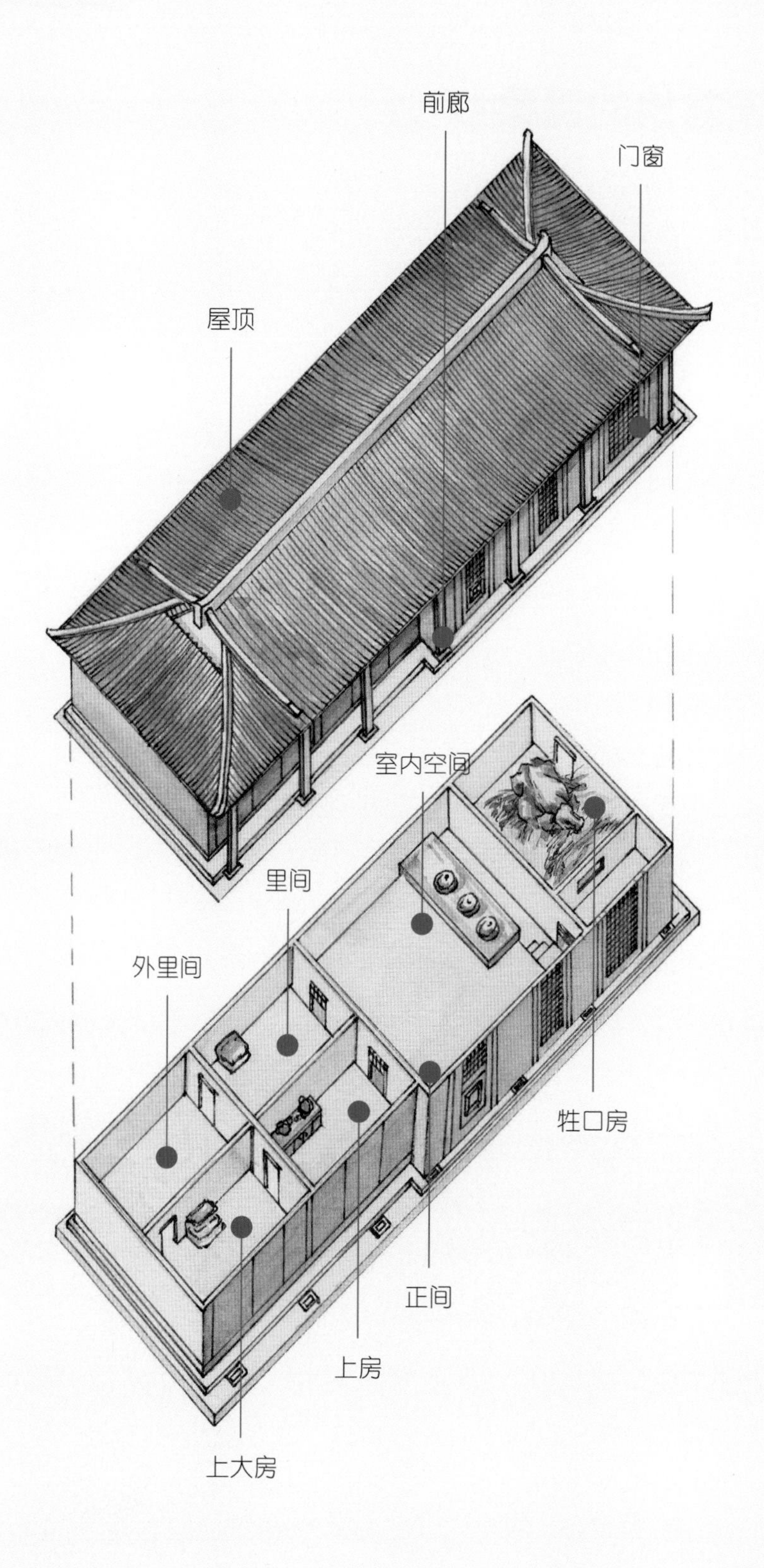
前廊
门窗
屋顶
室内空间
里间
外里间
牲口房
正间
上房
上大房

牲口房

古代，牛是家庭的主要劳动力。出于对牛的爱惜，也为了防盗，牛与人同住在一个屋檐下。牲口房另开一个小门，供牛进出。

正间

起居室兼餐厅，也是接待客人的地方。妇女平时做家务事、做饭也在这里。朝鲜族以食腌渍的菜为主，炒菜不多，所以屋内不用担心油烟的问题。此外，这里也是女客人来访时住的地方。

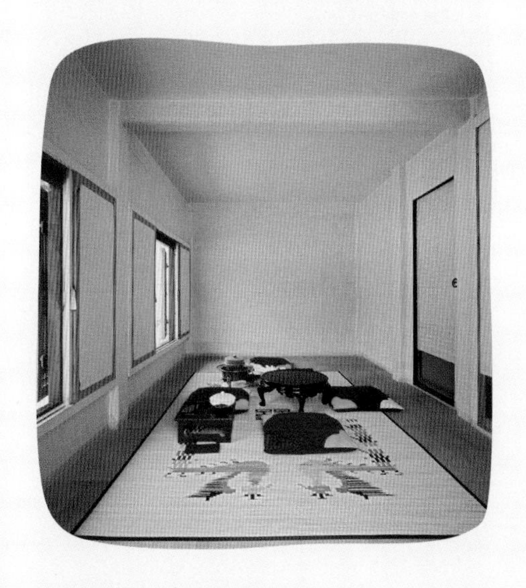

外里间／里间

外里间是家里儿子们的卧室，里间是家里女儿们住的房间。

屋顶

瓦片铺就成4个坡面，形成一条条瓦沟，春天化雪时利于排水。朝鲜族所用瓦片尺寸比较大，瓦片上还有浮雕图案，由于房屋不高，抬起头就能看见。除了瓦屋顶，还有稻草覆盖的屋顶也很常见。

门窗

传统朝鲜矮屋里，门即是窗，窗即是门。通常采用落地的长门窗，为了保暖，有时会设置成两层门窗，但更多的时候为单扇推拉式，而且门窗也比较窄，这样可以使矮屋看起来高挑些。

室内空间

只有一些存放衣服的柜子贴墙放置，房间之间有大面积的门相通，并不觉得空间狭小。不仅如此，还有大面积的门窗连通室外，采光和空气流通性都很好。

上大房

祖父母居住的房间。卧室内都没有床，直接睡在地板上。

上房

父母居住的房间，如果有男客人过夜，就让给男客人住。

前廊

在朝鲜族民居中常可见到廊的设置。前廊既是家人和客人进屋脱鞋的地方，也是平时家人歇息和劳作的平台。这种在屋外设廊的做法沿袭自我国的唐朝时期，在日本传统民居中也很多见。

即使到现在，仍有许多朝鲜族人选择居住在矮屋里

湘西吊脚楼
土家族

湖南西部地处云贵高原东北侧与鄂西山地西南端的结合地带，武陵山脉由东北至西南斜贯全境，因此山地众多，珍贵的平地当然尽量用于耕种，而生活于此的土家族人就在山坡上建房。为了尽可能减少挖土量，增加房子的使用面积，吊脚楼就成了首选的民居形式。

山坡水边的“危楼”

吊脚楼通常建在山坡或者水边，除了房屋主要区域的宅基地外，在房屋的后面或两侧可以挑出一部分地板，下面用木柱支撑，形成架空的楼阁，这种营造方法的目的是让建筑内部获得更多的使用空间，同时又不占据可耕土地，也就是在有限的宅基地上，修建更大的房屋。真正有“吊脚”的楼，其实是湘西民居附属的部分，因为具有当地特色，吊脚楼便成为整座房子的代名词。

临水而建的吊脚楼除了实用外，也成为当地的特色

支撑柱斜插入墙壁或者立在水中，纤细又歪斜的支柱与上部沉重的建筑形成鲜明对比，让看到的人无不心惊肉跳，感觉楼面要倒塌下来。其实这种结构相当坚固，可谓有惊无险。在临河的岸边，连排的吊脚楼被细密的支柱网支撑在半空中，远远望去，蔚为壮观。

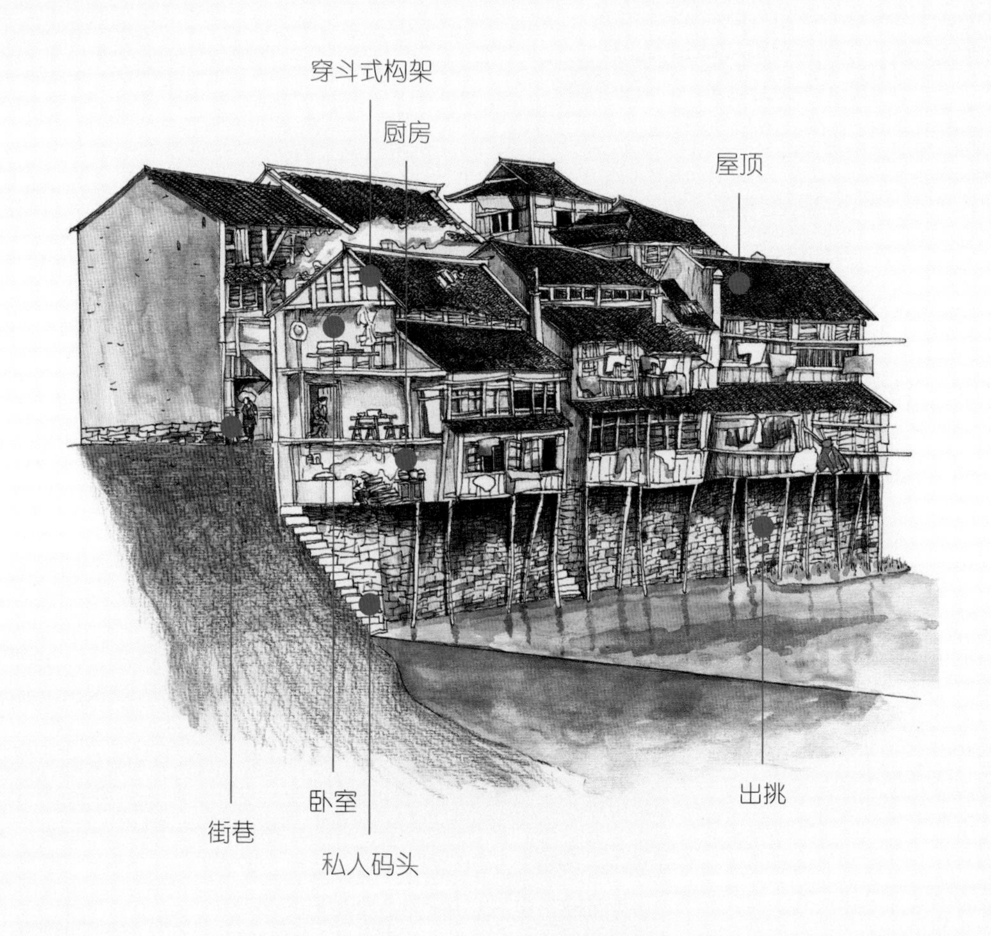

厨房

厨房设在最底层，也作为储藏杂物的地方。

卧室

吊脚楼二层以上为卧室。按照土家族的习俗，二层以上通常为未婚家庭成员的住房，尤其是未出嫁的女儿，相当于汉族民居中的闺房。

出挑

吊脚楼底层架空，下部靠柱支撑，节约了占地面积，而获得了更多的使用空间。

穿斗式构架

吊脚楼整体多采用“穿斗式”构架，没有梁，直接用柱子支撑椽子，撑起屋顶。这样可以用较少的材料建造较大的房屋，而且其网状的构造也很牢固。

街巷

在吊脚楼的另一面，是弯曲幽静的街巷。街道两旁往往是成排的店铺，铺面大小不一，大的占据三开间的宽度，小的只有一开间，但进深都很长。

屋顶

出挑的吊脚附楼虽为多层，但屋顶通常比主屋要低。上面覆盖密密麻麻的小青瓦，有的檐角起翘如飞燕。土家族人把吊脚楼视为家庭财富的象征，所以装修得十分华丽。

私人码头

沿河吊脚楼在临河一面设置私人码头，生活用水直接从河里取，平时也在这里洗洗涮涮。不过现在由于环境污染，河水已经不能饮用，居民都改用自来水。

沱江两岸的吊脚楼，是凤凰古城的特色建筑之一

广西、贵州木楼
侗族

侗族主要分布在贵州、湖南和广西交界处的山区。由于侗族每一个村寨都坐落在高低起伏的山坡地上，干栏式民居便成为侗族建筑的结构形式，一般把它们称为“木楼”。

简洁实用的豪华社区

侗族木楼的建筑材料是杉木，这种材料满山遍野都是。房屋的建造方法也很简单，房主人把木料砍好运回家，请寨子里的木匠做好榀架（房屋的架子），先把榀架竖起来，在榀架之间架上横梁和檩子，干栏式民居的骨架就拼装好了。接下来就是铺木楼板和钉木板墙壁，然后在屋顶上覆盖屋瓦，一座干栏式房子就完成了。

山林间的侗寨犹如建在世外桃源的别墅群，静谧而美好

所谓“干栏式”，其实就是用竹或木做

梁柱搭起的小楼，上层住人，下层储物或圈养牲畜，不需要开挖地基，也不需要用砖来砌筑墙体，房子里不建院落。

虽然房子搭得简单，但当地人心思缜密，还建造了很多公共建筑作为房屋的配套设施，如风雨桥、寨门、戏台、鼓楼等，它们与侗族的木楼相映成趣，构成了侗族村寨的独特风貌。

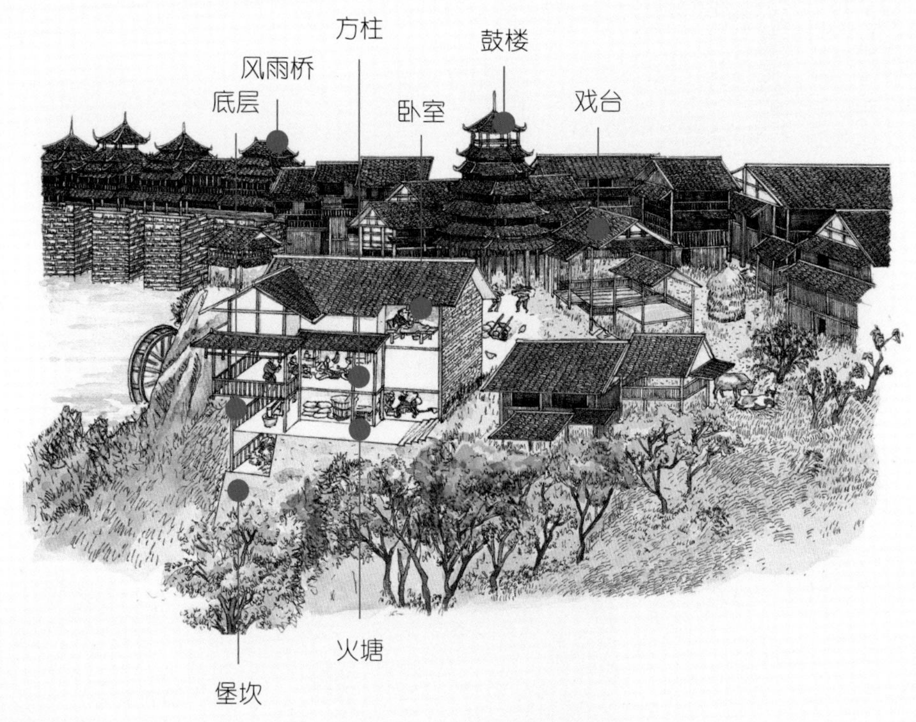

卧室

卧室一般位于最上层，有大卧室（长辈居住）、主人卧室、小卧室（儿孙居住）和女儿卧室之分。各卧室并不完全相连，在大卧室与主人卧室之间有不开窗的谷仓。小卧室靠近前廊，女儿卧室比较私密，位于走廊的尽头。

方柱

侗族干栏式建筑中的柱子都为方形断面，这与中国传统建筑中使用的圆形断面柱子有很大区别。

风雨桥

廊桥的一种，因其能为行人遮风挡雨，所以称为风雨桥。桂北侗族区凡是有河的地方几乎都有风雨桥。侗族风雨桥造型优美，其功能除了供人通行外，还具有娱乐、观赏和作为村寨标志的作用。

火塘

侗族民居的厨房很大，中间设火塘，火塘中的火是从远古流传下来的，按传统应该保持不灭。火塘上方吊一方形木格，专供烘烤谷物、烟熏腊肉之用。

底层

侗族木楼多数为三层或四层，底层饲养牲畜家禽，也放置农具、杂物等，有的还安置米碓（舂米的器具）。

鼓楼

在侗语中，鼓楼被称作“播顺”，即寨胆，是整个寨子的灵魂。侗族每个村寨中都建有鼓楼。寨子中的重大事宜都要在鼓楼里商讨决定，也是村寨举行礼仪庆典、击鼓报信的场所。平时，人们则喜欢在劳作之余，走出家门会聚在鼓楼下唱歌跳舞、吹笙绣花。

戏台

侗族人民爱看侗戏，因此村寨中都建有戏台。侗族的戏台多是以村寨之名命名的。一般来说，侗族戏台多与鼓楼组合在一起，两者之间有开阔的广场，它们位于村寨的中心位置或主要道路的交叉处，形成村寨中较完整的多功能中心。

堡坎

有时山区的平地实在不够建屋，人们便先建堡坎，也就是挡土墙，然后在堡坎里面填土，形成宅基地平台，再在上面建屋。

整体排列的侗族民居群，犹如现代的别墅群社区

贵州石板房

布依族

贵州地区山岳绵延，人称“八山一水一分田”，不仅山多，而且山上覆土少，大都是外露的石头。人们就地取材，用石头砌墙，石板铺在房顶当瓦片，建造了当地最具代表性的民居——石板房。

木头骨架，石头衣裳

从外部看，石板房几乎全部是石材料，石墙、石瓦。不过房子核心的结构是木头的，墙体并不承重，而是由木头架构支撑楼板和房顶。简单地说，石头房其实是木头“骨架”穿了石头“衣裳”。

石料大多采自附近板页状的石灰岩层。挑选合适的开采地点，按需要的尺寸画线，然后用凿子延线凿出凹槽，等下雨过后石层之间浸透了水，用工具一撬即可成材。一般 2 厘米厚的用作屋顶上的瓦片，3 厘米厚的可以做板壁，4 厘米厚的则用来做水缸等容器，5 厘米厚的是铺地的好材料。

小块的薄石板一层一层铺砌成墙体

石板房造价低，火灾率更低，住着也很舒适。典型的石板房为三开间，除堂屋外，两端的房间为两到三层，底层为牛圈，楼上供居住，顶层为储物间，不住人，所以夏天比较凉快。石头缸里放粮食不易发霉，老鼠也进不去。这种极具特色的民居主要集中在贵阳周边的郊县和安顺地区。不同的是，贵阳地区的墙体是木结构间竖置嵌入大块的薄石板；而安顺地区则用小块薄石板作“砖”平铺砌成厚墙体。

叉叉房

传统石板房中人牛共用的空间。人睡上层，牛住下层，床就放在牛圈上面的楼板上，楼板只一个“田”字的四分之三，另外四分之一直接与下面的牛圈相通，这样才能守住自家的牛。

室内木结构

石板房的外部是石头，里面全是木头。有财力的房主人对木匠的要求很高，地板要做到不漏水，在新房子验收时当场泼水试验。有时为了应付验查，木匠会在头一天先用水把地板淋潮，使木料膨胀，这样第二天当着主人面试验时就不会漏水。

屋顶石瓦

石片瓦有两种，贵阳一带常用方石片整齐地铺设屋顶，安顺一带则常用异形的乱石片（如下图）。这两种石屋面都是在屋脊处用一侧的石片瓦压住另一侧的石片瓦，可以防止漏雨。石片屋面一般10年左右翻修一次，将风化了的石片换掉即可。

储物间

石板房两端，楼上不住人的房间为储物间，平时的农具、杂物都放在里面。

堂屋

堂屋一般位于石板房的中央开间，是家里的正屋。堂屋内设置八仙桌、供桌，供桌是一家之中最神圣的地方，上面供的是祖先牌位，桌下为风水穴位。

牛圈入口

早期的石板房牛圈的入口设在堂屋内，牛每天与人共同经过堂屋出入。当人们生活富有、偷牛现象减少以后，很多牛圈入口就设在屋子一侧，不与人同进一门，或直接另建牲口棚圈养家畜。

石街道

屋外，街道也是就地取材用石头铺筑。根据地形起伏，有的铺成斜坡面，有的砌成石台阶。

云南大理坊院

白族

大理地处云贵高原与横断山脉的结合部位，是个多风地区，常年刮西风或西偏南风。有一首白族民谣唱道：“大理有三宝，风吹不进屋是第一宝……”因为当地的白族在盖房时，把正房建在坐西向东的地方，门窗向东开，再大的风吹过来，也只会吹到外墙上，不会进屋。

暖暖避风港

白族民居以“三坊一照壁”和“四合五天井”这两种形式最为常见。“坊”是指一栋三开间两层楼的房子，三“坊”再加一个照壁围合起来的院子，就叫“三坊一照壁”。富裕人家房子也大，四“坊”围成院子，各个拐角处用“L”形平面的围墙分别连接，就各自形成一个小天井，加上院落中心的大天井，一共五个，就叫“四合五天井”。下面我们介绍的就是“四合五天井”。

“三坊一照壁”中的照壁

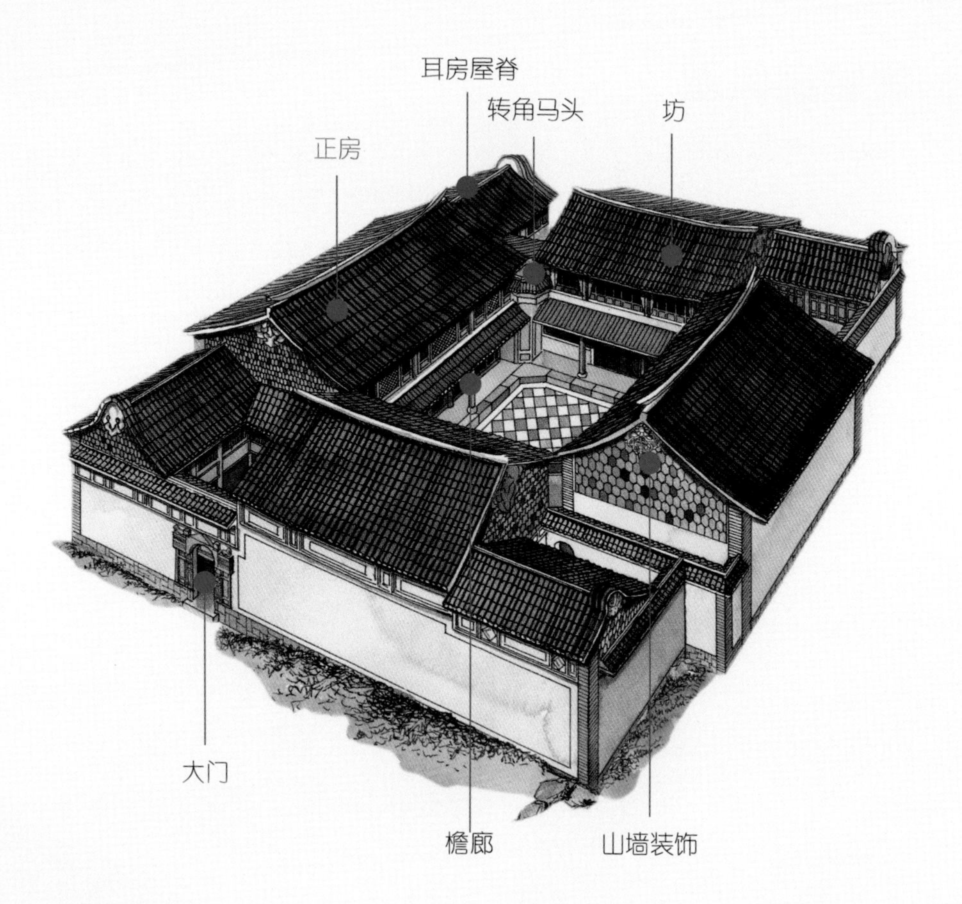

转角马头

转角马头是两“坊”相交处的一种装饰，主要功能是为了防火。另外，当屋顶需要修缮时，也可以方便落脚。

正房

白族有句俗语：“正方有靠山，才坐得起人家”，意思是院落主轴线后方要对着一座风水吉祥的山坡，有利于生活美好。而横断山脉为南北走向，山坡的缓坡地一般都在山的东西坡。所以正房坐西向东，是自然与文化的双重选择。

檐廊

檐廊设在一层，是居家活动的主要场所，

适合休息和家务劳动。廊子很宽，要求能安排下一桌酒席，这与当地风大有关，风大、飘雨深，宽宽的廊子可以保护廊下木质的墙壁与门窗不被雨淋。

坊

一栋三开间、两层楼的房子，称为一“坊”，是白族民居院落的基本组成单位。

山墙装饰

白族人养花爱花已成习惯，民居墙上的装饰也受此影响，图中的花朵绘在白色山墙上，显得清新雅致。除了绘画，当地人还常用白灰做出立体造型，精雕细刻吉祥图案。

耳房屋脊

漏角天井（两坊相交形成的小院）中的耳房屋脊端处，将高出屋顶的封火墙处理成马鞍状，是白族的特殊风格。除具有装饰作用外，还可防止大风吹坏屋顶。

大门

白族民居的大门分为有厦式、无厦式两种。有厦就是门楼上面有屋顶，两端翘起，犹如飞燕的翅膀；无厦则没有屋顶。下图为有厦式大门，左页的手绘图中展示的是无厦式大门。

大理古城的主干道——文献路，将左右两排的白族民居按东西分割开来，一路延伸到南边的五华楼

住宿

云南丽江坊院

纳西族

丽江古城没有城墙合围，自成体系。据说，过去纳西族没有姓氏，明朝初年，朱元璋赐“木”姓于当地土司。当地最大的官姓木，如果建城墙就好比一个框，框木成“困”，非常不吉利。当时丽江地区征战不断，土司深信测字方术，所以决定不建城墙。

小高层大院子

丽江古城虽为高原城镇，但因背靠玉龙雪山，所以城内溪流众多。河流穿梭于一排排灰瓦白墙的房屋中，有的流过门前，有的流过院落，整座古城宁静而富有朝气。

纳西族的“三坊一照壁”四合院中，都有一个面积较大的院子

就是在这座西南部的古城里，纳西族人吸收了汉族民居的精华，营造出“三坊一照壁”的四合院形式。前面提到，“坊”是指一幢三开间的两层楼

房，由三个三开间的两层楼房围合成一个三合院，在另外一侧设一堵大影壁，就是“三坊一照壁”。在结构上，一般正房一坊较高，方向朝南，面对照壁，主要供老人居住；东西厢略低，由晚辈居住。墙身向内作适当的倾斜，这能增强整个建筑的稳定感。下面展示的插图，是“三坊一照壁”形式的升级版，如果去掉中间的二层楼房，就是一个典型的“三坊一照壁”形式了。

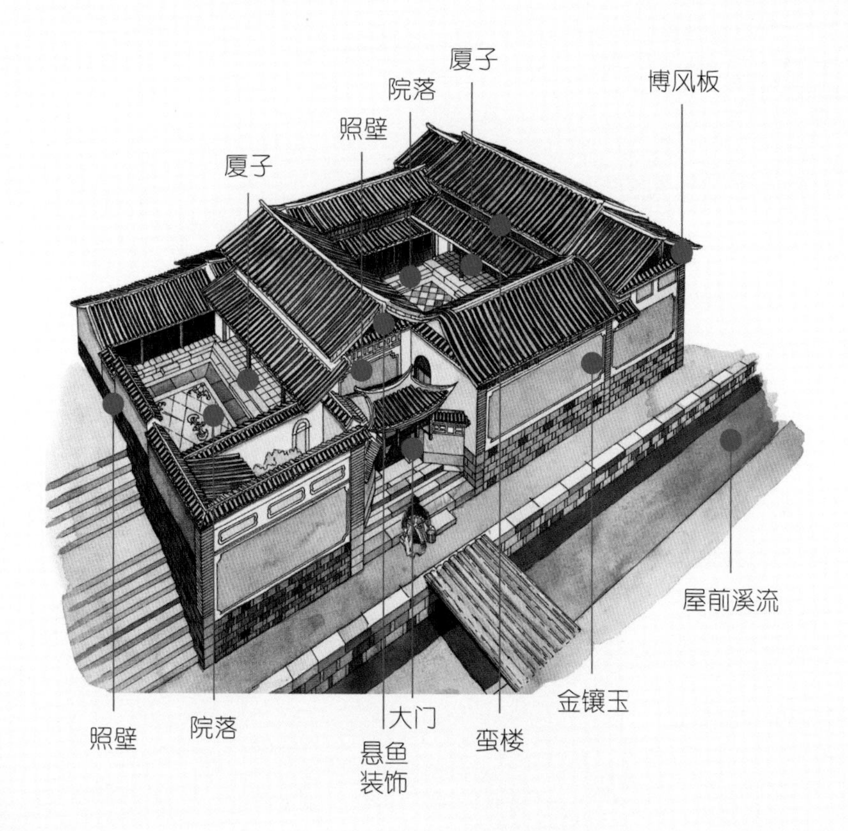

照壁

丽江民居多照壁。除了“三坊一照壁”中充当一面院墙的大照壁外，门里还有跨山照壁。

金镶玉

土墙为金黄色，四周青砖、石料蓝灰色，这种墙被称为“金镶玉”。

院落

丽江民居院落较大，有时还承担加工粮食和祭祀等活动。面积大给铺设地面提供了设计空间。常用砖、瓦、石等材料铺成“如意吉祥”“四蝠拜寿”等大型图案。

博风板

丽江地区气候多雨，在悬出的屋檐处镶木制的博风板，就可以保护沿屋顶长度分布的水平檩条不被雨淋。

屋前溪流

丽江溪流众多，很多民居临水或跨河而建，有些人家还把溪水引入院内，为日常用水提供了方便。临河民居的大门外用数根木料并排摆放，设为小桥。

蛮楼

丽江民居以两层楼房为主，一个三开间的两层楼就是“坊”，坊的前面都有外廊，上下两层都设廊子，这种模式是从藏族民居那里学来的，当时纳西族百姓把藏民称为“蛮子”，因而这种建筑形式被称为“蛮楼”。

厦子

厦子（即外廊）是纳西族民居最重要的组成之一，由于当地宜人的气候，纳西族人可以把一部分室内的功能如吃饭、会客等搬到厦子里。

大门

纳西族人对宅院的朝向相当讲究，院落的大门多采用东向或南向，取“紫气东来”“彩云南现”之意。

悬鱼装饰

为了减少博风板和出檐屋顶的单调，在两檐博风板相交处，通常会有悬鱼装饰。既对横梁起到了保护作用，又增强了整个建筑的艺术效果。

以玉龙雪山作背景，丽江古城拥有“奢侈的风景”

云南竹楼

傣族

傣族主要生活在我国云南西南和南部的边境，雨水多，空气湿润，气温高，而且又靠近江河，常有水患，所以傣族人民创造了适应本地气候的干栏民居形式——竹楼。

热带丛林里的轻便别墅

传统的傣族竹楼整个建筑结构都由竹子捆绑而成，墙壁也是竹篾（薄的竹片）做的，而屋顶则用竹篾夹住稻草覆盖，因此竹楼整体重量很轻。傣族人生活在平坦的河谷地带，大雨时，底部空敞的网柱可以让流水迅速通过。即使河水暴涨，也可以拆除一些绑在梁架上的竹篾，减少房屋整体的浮力，以免被水冲走。待河水退却，可以将竹篾重新绑上，丝毫不影响竹楼的结构和使用。

现在的竹楼已经有多种样式，生活设施也很齐全

像这种在柱子底架上建起的房屋，叫作干栏式建筑，这种建筑距今已有1万多年的历史了。现在大多数竹楼都采用木料作为柱梁，就地取材，搭成上下两层的小楼。地面层只有支撑房屋的柱子，由此形成的空间内可以圈养牲畜、堆放杂物等。上层是人们居住的空间，可分为前廊、堂屋、卧室和晒台四部分。

这种小楼没有庭院，占地少，使用面积却很大。加上就地取材成本低，而且建筑本身透水性好，符合当地的气候和地形。所以，这种古老的住宅形式一直保留到今天。

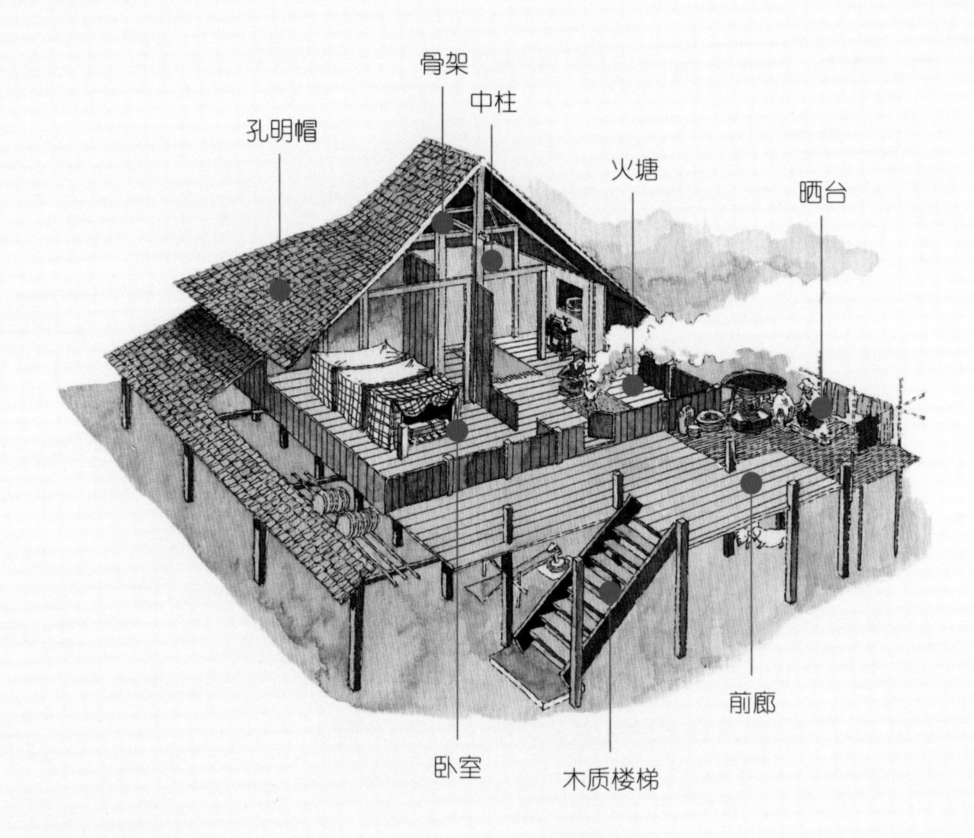

木质楼梯

干栏式民居底层都不住人，因此楼梯必不可少。傣族民居楼梯无论高低，都为九级台阶，“九”是傣家的吉祥数字。

前廊

从楼梯上来，直接就进入了前廊，这里的空间开敞明亮，重檐的屋顶还可以遮阳挡雨。人们可以在这里纺线、编织，也可以在此进餐、乘凉。

中柱

堂屋内，每根支撑的木柱都有不同的名称、功用，尤其中间那根是非常神圣的，这是家中成员死亡之后，尸首洗身时所靠的地方，平时禁止任何人倚靠。

卧室

卧室与堂屋相连，中间有门相通。傣族通常是几代人同居一室，室内没有桌椅。地板上铺有垫子，每一垫子上方挂一顶帐子，人们按长幼次序席地而睡。傣族的卧室是禁止外人进入的，所以不能提出参观的要求。

晒台

与前廊相连，用竹子搭建，人们的衣物就晾晒在此。有的还设置水缸等物品，作为露天储藏室用。由于姑娘们平时都在这里操持家务，因此也是小伙们趁机献殷勤的地方。

火塘

火塘是干栏式住宅的必有设置，一般位于居室中央，是一个家庭的中心。决定家中大事时，就在火塘边聚集商量。客人来时，大家也围绕火塘品茶聊天。火塘里的火都是祖先保留下来的，从不熄灭。火塘既是家庭活动的中心，又是烧火做饭的厨房。下雨时，还可以在这里烘烤衣物。

骨架

竹楼的构架非常简单，建造起来比较容易，不需要挖地基、砌墙体、建院落，用砍好的木头做成屋架，再将屋架在选定的地面上竖起，在上面架上梁、檩等，骨架就完成了。

孔明帽

云南人对西双版纳地区傣族竹楼屋顶的形象称呼。屋顶为歇山顶，屋顶正脊非常短，屋面坡度陡，且很宽大。低而深的屋檐具有良好的遮挡效果，就像戴了一顶宽大的帽子。

西藏碉房
藏族

藏族人民生活的大部分地区平均海拔高，气候寒冷干燥，风多而大，日照多，辐射强，温差也较大；而藏族地区盛产石料。因此，藏族人因地制宜，用石块、石片垒砌出三四层高的房子，并在房屋的选址、朝向、窗户开设等方面充分适应环境，因房屋形似碉堡而得名碉房。碉房虽然年代久远，但在房间的功能分配上，却一点儿也不逊于现代的别墅楼房。

在高原上住小洋楼

西藏地区早在新石器时代就已经出现了建筑，而在四五千年前还有了两层的楼房。西汉时，藏区先民就享受着像碉房这样的小楼。大约在清代乾隆年间，开始出现碉房的名称。

相比汉族民居以院落组合出不同功能的房间，藏族碉房的建筑思想更接近现代楼房。一座碉房中分布着各种功能的房间，包括起居室、厨房、卧室、厕所、储物间、牲畜圈以及碉房中必备的经堂，从生产到生活，一应俱全。

藏族的碉房依着高山而建，犹如一栋栋独立的小洋楼

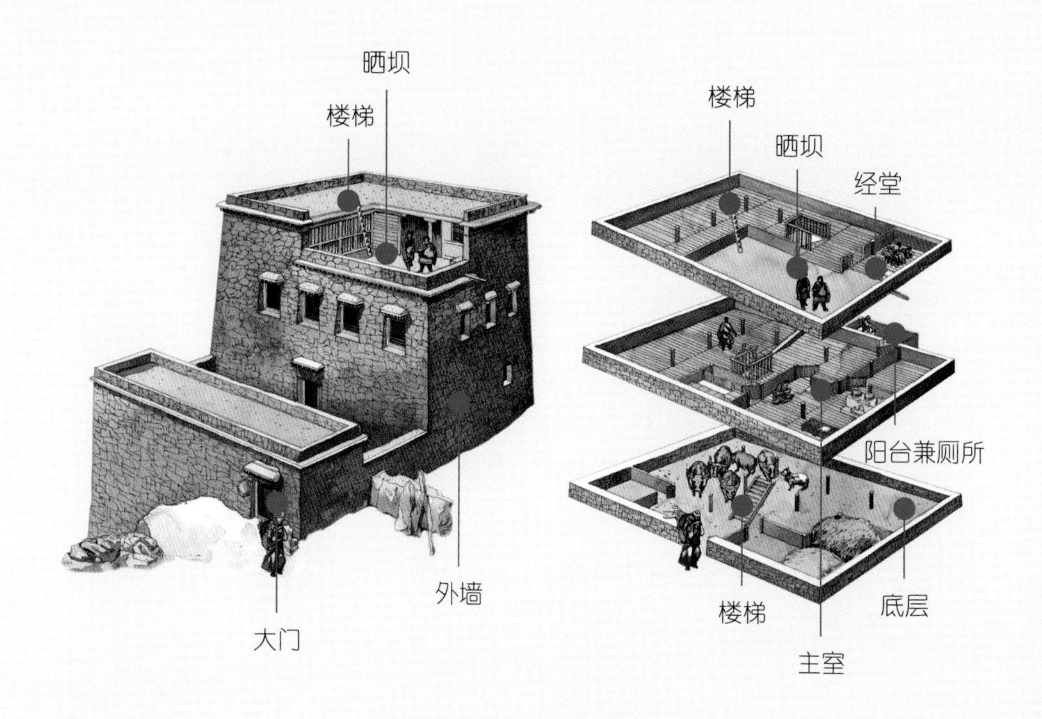

大门

为了安全，一般只设一个大门。两边饰有上小下大的黑色边框，寓意为“牛角”，能带来吉祥。牦牛是藏族人信奉的图腾之一，有时主人会把牦牛头骨直接挂在门侧边框上。

底层

一般是牲畜圈。人畜共居在我国许多地区都很常见，这源于旧时农业社会，牛马等牲畜不仅是主要耕作劳力，其本身对于家庭而言也价值不菲，是必须要保护的财产。

楼梯

传统藏式楼梯一般采用活动的斜梯，晚上就收到楼上，防止牲畜爬上来。平民家的楼梯往往是在一根圆木上砍出台阶。过去只有土司等人家才有条件用板梯。无论怎样，楼梯的坡度都很陡，都是为了防止牲畜上楼。

外墙

由坚固的石材垒砌而成，具有很强的防御性。碉房底部的牲畜圈，只设很小的窗户或通气孔，而上层居室排列整齐的窗户面积也不大，有利于抵御寒风侵袭。

主室

面积较大，是整个楼中最重要的空间。主室内有炉灶或火塘，厨房和餐厅都设在这里。提取酥油、磨青稞粉等日常家务也在此完成。如果家里来了客人，这里就是客厅。

阳台兼厕所

后面出挑的阳台就是厕所，防御时兼作瞭望台。使用时，排泄物直接从阳台落到楼下底层地面——建筑底层是牲畜圈，不住人；同时由于气候干燥，污物很快就会风干。

经堂

顶层中相对封闭的空间是经堂，是家中最神圣、庄严的地方。藏族全民信仰藏传佛教，家家都在顶层设经堂，以示对佛的尊敬。

晒坝

晒场设在屋顶上。把粮食晒在屋顶可以不受遮挡，保证充足的阳光，还可以防止牲畜偷吃。此外，由于碉房内部开窗很小，光线昏暗，晒场也是人们做家务或晒太阳的好地方。

沿着山坡而建的碉房群，以山为背景，显得庄严肃穆

致谢

撰文（按文章先后顺序排列）：

王其钧 / 吴华

供图：

2 上 全景
2 下 全景
3 全景
4 全景
6 全景
7 全景
8 上 王其钧
8 下 全景
9 右上 达志
9 左下 王其钧
9 右下 全景
10~11 视觉中国
12 视觉中国
14 全景
15 上 王其钧
15 下 全景
16 左上 全景
16 右上 全景
16 左下 全景
16 右下 全景
17 全景
18 上 张瑜
18 下 全景
19 全景
20~21 视觉中国
22 全景
23 全景
24 上 王其钧
24 下 全景
25 上 王其钧
25 中 王其钧
25 下 全景
26~27 视觉中国
28 视觉中国
29 全景
30 上 张瑜
30 下 全景
31 上 全景
31 中 全景
31 下 达志
32 全景
33 上 王其钧
33 下 全景
34 左 全景
34 右上 全景
34 右下 全景
35 左 全景
35 右 全景
36~37 达志
38 朱庆福
39 全景
40 上 王其钧
40 下 达志
41 上 达志
41 中 朱庆福
41 下 朱庆福
42 全景
44 全景
45 全景
46 上 王其钧
46 左下 全景
46 右下 全景
47 左上 全景
47 右上 全景
47 左下 王其钧
47 右下 Fymking[CCBY-SA4.0(https://creativecommons.org/licenses/by-sa/4.0)],from WikimediaCommons
48~49 视觉中国
50 全景
51 全景
52 上 张瑜
52 下 全景
53 上 全景
53 中 全景
53 下 全景

54 王其钧
55 王其钧
56 上 王其钧
56 下 王其钧
57 上 王其钧
57 下 王其钧
58 全景
59 全景
60 上 王其钧
60 左下 王其钧
60 右下 王其钧
61 上 王其钧
61 中 王其钧
61 下 王其钧
62~63 视觉中国
64 全景
65 全景
66 上 王其钧
66 下 全景
67 左上 全景
67 右上 王其钧
67 左下 全景
67 右下 全景
68~69 全景
70 达志
72 全景
73 达志
74 王其钧
75 左上 全景
75 右上 全景
75 下 全景
76 全景
77 全景
78 上 王其钧
78 下 达志
79 左上 全景
79 右上 达志
79 下 全景
80~81 全景
82 达志
83 全景
84 王其钧
85 右上 达志
85 左下 王其钧
85 右下 达志
86 左 全景
86 右 达志
87 吴学文
88 全景
89 全景
90 上 王其钧
90 下 全景
91 左上 全景
91 右上 达志
91 左下 全景
91 右下 全景
92~93 全景
94 视觉中国
95 全景
96 上 王其钧
96 下 全景
97 左上 王其钧
97 左下 王其钧
97 右上 王其钧
97 右下 全景
98~99 达志
100 李贵云、王其钧
101 全景
102 上 王其钧
102 下 李贵云、王其钧
103 上 李贵云、王其钧
103 中 李贵云、王其钧
103 下 李贵云、王其钧
104 全景
105 全景
106 上 王其钧
106 下 王其钧
107 左上 王其钧
107 右上 全景
107 左下 达志
107 右下 全景
108~109 达志
110 全景
111 全景
112 上 王其钧
112 下 全景
113 上 全景
113 中 全景
113 下 王其钧
114~115 全景
116 全景
117 全景
118 上 王其钧
118 下 王其钧
119 左上 全景
119 右上 王其钧
119 下 全景
120 全景
121 全景
122 上 王其钧
122 下 全景
123 上 全景
123 中 全景
123 下 全景
124~125 达志

图书在版编目（CIP）数据

中国人的家 / 许秋汉主编；郭亦城分册主编. --
北京：北京联合出版公司，2018.8
（博物少年百科·了不起的科学. 第3辑）
ISBN 978-7-5596-2263-1

Ⅰ. ①中… Ⅱ. ①许… ②郭… Ⅲ. ①民居—建筑艺术—中国—少儿读物 Ⅳ. ①TU241.5-49

中国版本图书馆CIP数据核字(2018)第128385号

中国人的家

丛书主编：许秋汉
本册主编：郭亦城
总 策 划：陈沂欢
策划编辑：乔 琦
特约编辑：林 凌 马莉丽
责任编辑：牛炜征
营销编辑：李 苗
图片编辑：张宏翼
装帧设计：杨 慧
制 版：北京美光设计制版有限公司

北京联合出版公司出版
（北京市西城区德外大街83号楼9层 100088）
北京联合天畅发行公司发行
北京中科印刷有限公司印刷 新华书店经销
字数：75千字 710毫米×1000毫米 1/16 印张：8
2018年8月第1版 2018年8月第1次印刷
ISBN 978-7-5596-2263-1
定价：32.80元